CONTRIBUTIONS A LA FAUNE MALACOLOGIQUE FRANÇAISE

XI

MONOGRAPHIE DES ESPÈCES

APPARTENANT AU

GENRE PECTEN

PAR

ARNOULD LOCARD

LYON
IMPRIMERIE PITRAT AINÉ
4, RUE GENTIL, 4

1888

MONOGRAPHIE DES ESPÈCES

APPARTENANT AU

GENRE PECTEN

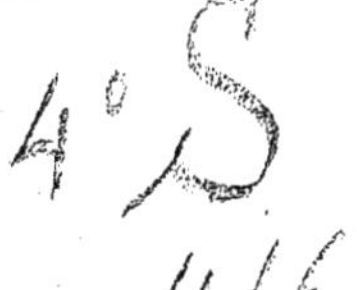

CONTRIBUTIONS A LA FAUNE MALACOLOGIQUE FRANÇAISE

XI

MONOGRAPHIE DES ESPÈCES

APPARTENANT AU

GENRE PECTEN

PAR

ARNOULD LOCARD

LYON
IMPRIMERIE PITRAT AINÉ
4, RUE GENTIL, 4

1888

XI

MONOGRAPHIE DES ESPÈCES

APPARTENANT AU

GENRE PECTEN

Parmi les innombrables formes constituant la Faune malacologique de notre littoral, il en est peu d'aussi variées que celles qui appartiennent à la grande et belle famille des *Pectinidæ*. Mais, si quelques-unes se trouvent en abondance sur nos plages et même jusque sur nos marchés (1), la plupart sont au contraire plus ou moins rares et partant se prêtent moins facilement à l'étude.

Nos côtes de France, baignées par des eaux aussi différentes que celles de la Manche, de l'Océan ou de la Méditerranée, devaient nécessairement offrir un champ d'étude des plus étendus. Pourtant, il était bien difficile de s'en tenir à ces seules limites; il importait d'en comparer les divers éléments avec ceux de la faune septentrionale et méridionale de tout le système européen. Avec un pareil aréa de dispersion, la tâche devenait plus délicate. Mais c'est sans doute pour s'être dispensés d'une semblable

(1) Presque toutes les espèces de *Pecten* sont comestibles. D'après M. le Dr Ozenne (1858, *Essai sur les Mollusques considérés comme aliments, médicaments et poisons*, p. 49), leur chair, plus nourrissante et plus délicate que celle des Huitres, est indigeste. Les espèces que l'on mange, à cause de leur grande taille, sont les *Pecten maximus* et *P. Jacobæus*, quoique leur chair soit inférieure à celle des Peignes de taille moyenne comme les *Pecten varius* et *P. opercularis*.

étude que nombre d'auteurs sont arrivés à de fâcheuses confusions entre les espèces ou prétendues espèces vivant dans de tels milieux.

Nous avons pensé qu'il y aurait quelque intérêt à présenter une étude d'ensemble permettant d'embrasser d'un seul coup d'œil toutes ces formes, de manière à en apprécier d'une façon certaine la valeur et l'importance au point de vue scientifique. Mais, bon nombre de nos espèces, à juste titre considérées comme rares dans nos pays, où elles ne vivent que d'une manière accidentelle, sont au contraire beaucoup plus répandues sur d'autres plages parfois lointaines. Nous avons été ainsi conduit à étendre notre champ d'étude à presque tout le système européen pour y puiser des termes de comparaison offrant toutes garanties. Il en est résulté, qu'à l'occasion de plusieurs de nos espèces françaises, on trouvera dans ce travail une étude générale beaucoup plus complète que ces mêmes espèces ne le comportaient dans des limites locales plus restreintes.

Pour mener à bonne fin pareille tâche, nous avons dû nous entourer de matériaux puisés aux sources les plus authentiques. Grâce à la collaboration de nos bienveillants et généreux correspondants, nous sommes arrivé à pouvoir comparer les éléments de notre faune avec celle de la Suède, de la Norvège, de l'Angleterre pour la région septentrionale, et de presque toute la Méditerranée pour la région méridionale. Aux muséums de Paris et de Genève, nous avons retrouvé les types indiscutés de de Lamarck, de Deshayes, de Risso et de Payraudeau. C'est avec de telles données que nous avons entrepris ce travail. Mais, avant d'aller plus loin, qu'il nous soit permis d'adresser ici nos plus sincères remerciements à tous ceux qui ont bien voulu nous prêter leur précieux et utile concours. Le nombre en est bien grand, mais aucun ne sera oublié.

Avant d'aborder notre sujet dans ses détails, il importe de dire quelques mots sur l'ensemble de la question. Quelles sont les véritables limites à assigner à la famille des *Pectinidæ*, et qu'est-ce que le genre *Pecten?* Là, déjà, les malacologistes sont loin d'être d'accord.

Sans nous en tenir à la valeur plus ou moins générique accordée au genre *Pecten* chez les Grecs et les Latins (1), ou dans les traités plus récents des anciens auteurs comme Belon, Rondelet, Aldrovande ou Lister, nous voyons que Linné (2) faisait abstraction de ce nom de *Pecten*

(1) A. Locard, 1884. *Hist. Moll. antiquité*, p. 155.
(2) Linné, 1758. *Systema naturæ*, édit. X, p. 696. — 1767. Édit. XII, p. 1144.

si anciennement connu, pour en réunir les différentes formes aux divers *Ostrea*. Müller, en 1776 (1), et Pennant, en 1777 (2), paraissent avoir été les premiers auteurs qui, faisant usage de la méthode binominale, aient nettement séparé les Peignes des Huîtres. Pennant, dans une faune presque similaire avec une partie de la nôtre, distinguait huit espèces de *Pecten*, sur les côtes de l'Angleterre, et les répartissait dans deux groupes.

En France, de Lamarck (3), le premier, admit cette division, et, en écrivant son *Prodrome*, en 1801, il plaça son CXLV[e] genre des *Pecten* entre les Avicules, les Pernes et les Placunes d'un côté, et les Limes, les Pandores de l'autre, c'est-à-dire assez loin des *Ostrea* qui constituent son CXXXIX[e] genre. Plus tard, en 1819 (4), il adopta une classification plus rationnelle, et dans sa section des Pectinides, il comprit les genres *Pedum*, *Lima*, *Plagiostoma*, *Pecten*, *Plicatula*, *Spondylus* et *Podopsis*, précédant les Ostracées. Cette classification si logique prévalut fort longtemps, et la plupart des auteurs furent d'accord pour réunir au moins les *Lima* et les *Pecten* dans la famille des *Pectinidæ*. Telle est la manière de voir que nous avons suivie dans notre *Prodrome* (5).

Mais actuellement, avec la tendance du jour, tendance qui consiste à multiplier les coupes génériques, on a divisé les anciens *Pecten* en plusieurs genres nouveaux, et l'on a créé pour les *Lima* la famille des *Limidæ*. Il nous semble pourtant que l'animal et la coquille des Limes ont beaucoup trop de rapport avec ceux des Peignes pour qu'une semblable division générique soit suffisamment justifiée. Quoi qu'il en soit, dans l'étude qui va suivre, nous ne nous sommes occupé que des *Pecten* proprement dits.

Dans cette famille des *Pectinidæ*, et en dehors des Limes, on a proposé depuis quelques années un certain nombre de genres dont il importe de discuter la valeur.

Woodward (6), pour ne parler que des auteurs les plus modernes, faisait rentrer, dans sa dernière édition, les *Pecten* dans la famille des *Ostreidæ* comprenant les genres *Ostrea*, *Anomia*, *Placuna*, *Pecten*, *Lima*, *Spondylus* et *Plicatula*. C'était une sorte de moyen terme entre Linné et de Lamarck.

(1) Müller, 1776. *Zool. Daniæ Prodr.*, p. XXXI.
(2) Pennant, 1777. *British Zoology*, IV, p. 84.
(3) De Lamarck, 1799. *Prodr.* — 1801. *Syst. anim. s. vert.*, p. 135.
(4) De Lamarck, 1819. *Anim. s. vert.*, VI, 1, p. 161.
(5) A. Locard, 1886. *Prodr. malac. franç.*, p. 506.
(6) Woodward, 1870. *Man. conch.*, p. 424.

Trayon (1), en Amérique, a séparé ses *Limidæ* des *Pectinidæ*. Il réunit dans cette dernière famille, parmi les genres vivants, les *Pecten*, *Hemipecten*, et *Hinnites*. Le genre *Pecten* comprend comme sous-genres : les *Pallium*, *Chlamys*, *Liropecten*, *Camptonectes*, *Pseudamussium*, *Pseudopecten*, *Vola* et *Neithea*.

M. P. Fischer, dans son *Manuel* (2), a également maintenu la séparation des *Limidæ* et des *Pectinidæ* en deux familles distinctes. Ses *Pectinidæ* se divisent en neuf genres dont quatre seulement se rapportent à des formes françaises, les genres *Chlamys*, *Hinnites*, *Amussium* et *Pecten*. Arrêtons-nous quelques instants sur cette division nouvelle :

Les *Chlamys*, ancienne coupe instituée par Bolten (3), sont plus particulièrement caractérisés par leurs valves subégales avec des oreilles inégales, et par un sinus byssal bien visible. Ce sont les anciens *Pecten* proprement dits, ayant pour type le *Pecten varius* si commun sur nos côtes. M. Fischer les subdivise en un grand nombre de sections constituant pour quelques auteurs autant de genres distincts.

Le genre *Hinnites*, sur lequel nous aurons à revenir plus loin, et avec plus de détails, a été créé par Defrance (4) pour des espèces fossiles. Deshayes l'appliqua le premier à des espèces vivantes, notamment au *Pecten distortus (P. pusio*, Auct.). Dans ce genre, la coquille à l'état jeune est semblable à celle des *Chlamys*, avec un sinus byssal; plus tard, de libre qu'elle était, elle devient fixe, prend un galbe ostréiforme et son sinus s'atrophie.

Dans le genre *Amusium (pro amussium)*, créé par Rumphius (5) et non par Klein (6), comme on l'écrit si souvent, les valves, au lieu d'être ornementées de côtes rayonnantes comme chez tous les autres *Pectinidæ*, sont lisses au dehors, quoique portant à l'intérieur des côtes également en forme de rayon. L'échancrure du byssus est à peine perceptible. A vrai dire, on ne connaît pas encore d'une façon bien précise le *modus vivendi* des espèces appartenant à ce genre.

Enfin les *Pecten*, d'après M. Fischer (7), seraient des coquilles à valves inégales, à oreilles subégales et sans sinus byssal. Ces mêmes formes ont

(1) Trayon, 1884. *Struct. syst. conch.*, III, p. 288.
(2) P. Fischer, 1886. *Manuel de conch.*, p. 942.
(3) Bolten, 1798. *Museum Boltenianum*. — 1819, 2ᵉ édit., p. 112.
(4) Defrance, 1821. *In Dict. sc. nat.*, XXI, p. 169.
(5) *Amusium*, Rumphius, 1711. *Thes. test.*, p. 10, pl. XLV, fig. A. B.
(6) *Amusium*, Klein, 1753. *Tent. meth. Ostracol.*, p. 134.
(7) Fischer, 1886. *Loc. cit.*, p. 946.

tour à tour été appelées *Vola* (1) et *Janira* (2). On remarquera d'abord que dans tous ces genres l'animal est le même. Il ne diffère que par la forme du pied qui est allongé chez les *Hinnites*, et canaliculé ou terminé en corne chez les *Pecten*. Quant à la coquille, on peut dire que si, à l'âge adulte, elle est différente, dans le jeune âge elle présente les mêmes caractères. Citons quelques exemples:

Le *Pecten maximus* étant pris comme type des *Pecten* et le *P. varius* comme type des *Chlamys*, nous trouvons des formes intermédiaires entre ces deux formes extrêmes pourtant fort distinctes. En effet, considérons dans notre faunule le *Pecten opercularis*; nous voyons qu'il participe à la fois de ces deux genres. Comme chez les *Pecten*, sa coquille est « suborbiculaire », son test est « orné de côtes rayonnantes »; il est « auriculé, équivalve »; l'une de ses valves, la valve inférieure, il est vrai, est assez « aplatie » pour qu'elle ait donné son nom à la coquille, tandis que l'autre est « convexe ». Pourtant, comme les *Chlamys*, il porte un sinus byssal (3), et sur le bord antéro-supérieur de sa valve inférieure on distingue nettement la filière caractéristique à travers laquelle doit passer le byssus. Pour ce *Pecten*, M. P. Fischer a dû créer sa section des *Æquipecten*. Il ne nous paraît donc pas bien démontré qu'il soit nécessaire de séparer dans deux genres différents le *Pecten opercularis* et le *Pecten maximus*. Ce sont toujours pour nous des *Pecten*, ayant entre eux d'incontestables affinités, mais appartenant à deux groupes distincts (ou sections), formant autant d'échelons dans une même échelle générique. Toutefois, rendons justice à M. Fischer, qui a supprimé les noms de *Vola* et de *Janira*; il est, en effet, bien démontré que le nom *Pecten* était donné incontestablement par Pline, notamment, au *Pecten Jacobæus*, que l'on s'est plu à rebaptiser à nouveau sous les noms différents de *Vola* ou *Janira Jacobæa*.

Le genre *Hinnites* n'est pas meilleur, du moins en tant qu'il se rapporte à l'espèce européenne vivante, connue sous le nom de *Pecten pusio*. Dans un travail fort intéressant, M. P. Fischer (4) a démontré que l'anatomie

(1) Klein 1753. *Tent. meth Ostracol.*. p. 135.

(2) Schumacher, 1817. *Essai nouv. syst. Vers test.*, p. 117

(3) Il est à remarquer que l'*Essan* d'Adanson, qui appartient évidemment au même groupe que le *Pecten opercularis*, et que quelques auteurs ont même confondu avec lui, est également un Mollusque qui se déplace et exécute des bonds considérables tout comme les *Pecten maximus* et le *P. Jacobæus*; ce n'est que plus tard qu'il fait usage de son appareil byssigène. (*Vide* Charbonnier, 1853. *In Journ. conch.*, IV, p. 261.)

(4) P. Fischer, 1862. *Sur l'anatomie des Hinnites. In Journ. conch.*, X, p. 205.

des *Hinnites* était la même que celle des *Pecten*. Reste donc la question de la coquille. Or, on voit que le prétendu *Hinnites* est dans la première période de son existence un véritable *Pecten*, qu'il vit, croît et se développe d'une manière normale, et que ce n'est qu'à un certain moment de sa vie qu'il se fixe et se modifie de façon à devenir un *Hinnites*. Est-ce une raison suffisante pour déclarer que ce n'est point un *Pecten?* A ce compte, pour être logique, il conviendrait de créer aussi un genre nouveau pour le *Tapes saxatilis* (1) qui, lui aussi, dans son jeune âge, vit à la manière des *Tapes pullaster* (2) et *T. pullicenus* (3), pour se fixer ensuite dans des excavations où la manière d'être de son test se modifie à la façon du *Pecten distortus*. Est-on même bien certain qu'une telle modification dans l'allure du test ne se produit pas une fois que la coquille est complètement adulte? On n'a aucune donnée positive sur un pareil sujet. Ne peut-il pas se produire pour le *Pecten distortus* ce que nous voyons chez les *Pecten clavatus* et *P. flexuosus?* Chez ces espèces, la croissance commence par être régulière et normale; puis, une fois la coquille adulte, une fois qu'elle a acquis tous ses caractères spécifiques, elle continue encore à se développer, mais alors en affectant les formes les plus singulières. Faudra-t-il donc, pour ces espèces également anormales, créer encore un genre nouveau? Nous ne prétendons pas qu'il y ait lieu de supprimer complètement le genre *Hinnites;* il peut être bon pour certaines espèces fossiles ou pour quelques grandes formes exotiques vivantes; mais nous ne saurions l'admettre lorsqu'il s'agit du *Pecten distortus* de nos côtes océaniques.

Le genre *Amussium* a peut-être davantage sa raison d'être. Si l'anima du *Pecten pleuronectes* (4) des mers de la Chine, qui a été pris par Rumphius, puis par Klein, pour type du genre, ne diffère pas sensiblement de celui des autres *Pecten*, sa coquille est ornementée d'une tout autre manière. Ici, plus rien de ces côtes externes qui sont le propre de tous les véritables *Pecten*, mais uniquement des côtes internes. Peut-être ces Mollusques ont-ils un genre de vie à part; ils semblent vivre librement à en juger par l'échancrure du byssus qui est à peine perceptible sous l'oreille antérieure de la valve inférieure. Malheureusement, notre faune est bien pauvre en espèces de ce genre. Et puis, entre les *Pecten* et les

(1) *Venus saxatilis*, Fleuriau de Bellevue, 1802. *In Journ. phys. chim.*, LIV, p. 345.
(2) *Venus pullastra*, Montagu, 1803. *Test. Brit.*, p. 135.
(3) *Tapes pullicenus*, A. Locard, 1886. *In Bull. Soc. malac.*, III, p. 259.
(4) *Ostrea pleuronectes*, Linné, 1758. *Syst. nat.*, édit X, p. 696.

véritables *Amussium* n'y a-t-il pas une série en quelque sorte transitoire, dans laquelle les coquilles sont lisses à l'intérieur et à peine finement striées à l'extérieur, comme chez les *Pecten vitreus*, *P. abyssorum*, *P. Groenlandicus*, *etc.* En attendant que l'on soit complètement fixé sur le *modus vivendi* de nos petites espèces de la faune abyssale, nous les maintiendrons, au moins à titre provisoire, parmi les *Pecten*, tout en les classant dans un groupe à part.

En dehors de ces genres principaux, il en est d'autres moins importants, en ce sens que tout en étant basés sur des caractères de même valeur, ils s'appliquent à un nombre d'espèces beaucoup plus restreint. Ainsi, pour des formes dont les deux valves sont ornementées d'une façon différente, comme le *Pecten inæquisculptus*, on a proposé le nom de *Pseudamussium* de Klein (1); Chenu donne ce même nom à des coquilles en forme d'éventail, avec des valves lisses ou ornées de plis longitudinaux ou finement striés; il donne comme exemple le *Pecten glaber* de Lamarck (2). Jeffreys, pour des formes analogues, mais à valves différentes, a fait tour à tour usage des noms de *Pleuronectia* (3) et d'*Amussium* (4). Le marquis de Gregorio (5) a proposé le nom de *Propeamussium* qui nous paraît à peu près synonyme, et qui a été adopté par le marquis de Monterosato (6). Enfin ce dernier auteur a désigné sous le nom de *Palliolum* (7) les petites espèces pellucides, au test très finement treillissé, ayant pour type le *Pecten incomparabilis* de Risso. Ces différentes dénominations ne constituent à proprement parler que des sous-genres.

La faune française comprend actuellement trente-cinq espèces, toutes prises vivantes sur nos côtes. Peut-être conviendrait-il d'ajouter à cette liste le *Pecten Islandicus* de Müller (8), dont il a été pêché à plusieurs

(1) *Pseud-amusium (pro Pseud amussium)*, Klein, 1753. *Tent. meth. Ostrac*, p. 134.

(2) Chenu, 1862. *Man. conch.*, II, p. 184, fig. 931.

(3) Jeffreys, *In* Wyville Thompson, 1873. *Depths of the Sea*, p. 464, fig. 78. — *Pleuronectia*, Swainson, 1840. *A treat. Malac.*, p. 388.

(4) Jeffreys, 1876. *In Ann. mag. nat. hist.*, 4e sér., XVIII, p. 424. — *Amusium (pro Amussium)*, Klein, 1753. *Loc. cit.*, p. 134.

(5) Marquis A. de Gregorio, 1883. *Not. conch. mioc.*, p. 1, *in Natur. Sicil.*, III.

(6) Marquis de Monterosato, 1884. *Nom. conch. medit.*, p. 6.

(7) Marquis de Monterosato, 1884. *Loc. cit.*, p. 5.

(8) *Ostrea Islandica*, 1776. *Zool. Dan. Prodr.*, no 2990. — Bouchard-Chantereaux (*Cat. Moll. mar. Boulonnais*, p. 30) dit avoir trouvé plusieurs fois cette espèce parmi les *Pecten opercularis*. Cette espèce est très bien décrite et très exactement figurée dans l'ouvrage de M. G.-O. Sars (1878. *Moll. Reg. arct. Norv.*, p. 16, pl. II, fig. 2); il ne nous paraît donc pas nécessaire de revenir sur cette forme.

reprises des valves isolées jusque dans la région aquitanique. Mais, par principe, nous croyons qu'il est prudent de n'admettre dans un catalogue de faune locale ou générale que les espèces qui ont pu vivre dans ce milieu. Pour classer méthodiquement toutes ces formes, nous les avons réparties en onze groupes s'enchaînant les uns aux autres, partant de la forme type des *Pecten maximus* et *P. Jacobæus*, les plus anciennement connues et les plus grandes, pour arriver aux petites espèces de la faune abyssale. En tête de chaque groupe, nous avons donné les caractères généraux propres aux espèces de ce groupe. La plupart de ces formes on été déjà figurées dans nombre d'iconographies. Il sera donc toujours facile d'en retrouver des figurations. Dans tous les cas, leurs caractères différentiels sont tellement nets, tellement tranchés, que l'on peut très bien se dispenser d'avoir recours à des publications souvent fort dispendieuses.

Dans nos descriptions, pour désigner chacune des deux valves, nous avons cru devoir renoncer à la dénomination si souvent employée de valve droite et valve gauche, désignation qui prête à la confusion et qui n'est nullement justifiée. Nous avons donné la préférence aux expressions de valve inférieure et valve supérieure; la valve inférieure étant celle qui repose sur le sol, celle dont la coloration est toujours au moins un peu plus pâle, si ce n'est différente, celle enfin qui porte le sinus byssal.

Un mot encore sur la valeur des caractères spécifiques chez les *Pecten*. En général, chez une même espèce, le galbe est normalement polymorphe. Il varie dans des limites assez larges, non seulement suivant les milieux, mais encore dans une même colonie, et surtout suivant l'âge. Souvent, en effet, telle espèce dont le galbe à l'état adulte est circulaire, était longitudinalement allongée dans son jeune âge et devient transversalement elliptique en vieillissant. Lorsque l'on examine des séries un peu importantes de *Pecten varius*, *P. distans*, *P. unicolor*, *etc.*, on observe des variations très notables dans le galbe, variations qui peuvent induire en erreur si l'on s'en tient à un nombre trop restreint d'individus. En parcourant nos listes de variétés, on constatera combien sont parfois considérables ces variations. On ne doit donc, au point de vue spécifique, attacher aux caractères généraux fournis par le galbe, qu'une importance relative.

Il en est souvent de même du plus ou moins de bombement relatif des valves. On voit en effet chez des espèces normalement inéquivalves des individus parfaitement équivalves. Ce bombement varie notablement suivant l'âge : il est en général plus faible dans le jeune âge qu'à l'âge adulte; souvent même il devient ensuite anormal. Il existe des individus du *Pecten commutatus* dont les valves sont déprimées comme celles du *Pecten opercularis*, tandis que chez d'autres la coquille est complètement globuleuse, comme celle d'un *Cardium*. Faut-il rappeler ces singulières formes pixoïdales des *Pecten clavatus* et *P. flexuosus*? Pendant toute une première période de sa vie, le sujet croît régulièrement et reste toujours semblable à ses congénères. Mais une fois cette limite dépassée, en vertu de ce phénomène si exactement exprimé par Carlo Porro, sous le nom de *sopraeccitazione di vita* (1), et encore si mal connu des physiologistes, le développement se poursuit chez quelques individus suivant les modes les plus bizarres et les plus irréguliers.

La disposition relative des oreilles, la présence ou l'absence du sinus byssal sont des caractères généraux très bons à relever, mais uniquement ou presque uniquement pour établir des modes de groupement dans des formes plus ou moins affines. Ils perdent souvent de leur importance lorsque l'on passe à la classification spécifique.

Mais, en revanche, le caractère spécifique le plus certain, le plus précis, réside, selon nous, dans le mode de répartition des côtes longitudinales ou mieux rayonnantes, et dans leur allure. Dès le jeune âge, les côtes commencent à affecter les caractères qu'elles doivent définitivement revêtir, surtout au point de vue de leur mode de répartition. Si chez quelques espèces, comme le *Pecten sulcatus* ou le *P. multistriatus*, on observe une irrégularité notoire dans ce mode de distribution, elle persistera toujours et à tous les âges. Une fois le nombre des côtes fixé, une fois leur grosseur réciproque établie, rien dans la croissance, si ce n'est un accident tératologique, ne peut en modifier le régime. C'est donc là un critérium certain sur lequel on peut compter d'une façon absolue dans la détermination spécifique des *Pecten*.

Parfois pourtant, il existe dans le mode de costulation, des anomalies apparentes dès le jeune âge; telles sont par exemple les côtes plus ou moins bifides en nombre variable, et dont le caractère persiste durant toute la vie de l'individu. Mais, ce sont là de simples cas tératologiques comme il peut en exister partout. Les seules caractères sérieusement modifiables dans l'allure des côtes portent sur leur nombre et sur leur plus ou moins de saillie sur la valve. On remarquera que le nombre des

(1) Carlo Porro, 1840. *Studii su talune variazioni off. Moll.*, p. 19. *In Mem. Reale Accad. scienze di Torino*, sér. II, p. 1.

côtes ne varie jamais que chez des espèces dans lesquelles ce nombre est relativement considérable; tel est le cas des *Pecten varius*, *P. niveus*, *P. multistriatus, etc.* Quant à l'aplatissement des côtes, il peut devenir plus ou moins grand avec l'âge. Chez certaines espèces, comme chez les *Pecten glaber*, *P. hyalinus*, *etc.*, les côtes peuvent être plus ou moins apparentes, il est vrai, mais dans ce cas elle conservent toujours d'autres caractères qui permettent de les distinguer d'une façon certaine.

Relativement à la manière d'être du test, ses costulations, ses stries, ses épines ou ses squames varient toujours suivant les milieux. Dans les fonds tranquilles, non agités par le mouvement des vagues ou des courants, ces différentes ornementations se développent facilement; elles perdent au contraire de leur importance dans les milieux agités: tel est le cas du *Pecten varius* qui tantôt porte de longues épines et qui tantôt aussi devient complètement glabre.

Les différences de coloration, l'ornementation polychromique qu'affectent si fréquemment les valves supérieures des *Pecten* sont autant de caractères souvent utiles, mais dont il ne faut point abuser. Les variations *ex colore* sont parfois si nombreuses chez une même espèce qu'elles perdent toute leur importance. Et puis il ne faut pas perdre de vue que chez les coquilles fossiles ce caractère n'a plus la moindre valeur.

Telles sont les principales données qui ont été mises en œuvre dans cette nouvelle étude de l'un des éléments de notre faune marine française. Loin de nous la pensée d'avoir écrit le dernier mot sur un pareil sujet. Bien au contraire, à mesure que nous avançons dans nos recherches malacologiques, nous voyons chaque jour combien il importe d'élargir le cercle des observations. Ce n'est plus uniquement dans le recueillement du cabinet, au sein des plus riches collections qu'il faut se contenter d'étudier; c'est sur place, c'est surtout dans des laboratoires maritimes convenablement agencés, qu'il importe d'aller surprendre la vie intime des êtres. Ce n'est malheureusement pas toujours chose bien facile, ni pratiquement réalisable. Mais en attendant bornons-nous, comme nous le faisons aujourd'hui, à résumer et à discuter les éléments jusqu'à présent connus et acquis à la science sur un pareil ensemble.

Lyon, décembre 1887.

Genre PECTEN (Pline), Müller.

Müller, 1776. *Zool. Dan. Prodr.*, p. XXXI.

A. — Groupe du P. MAXIMUS

Le premier groupe ou groupe du *Pecten maximus* renferme les deux plus grandes espèces de nos côtes françaises et même du système européen. Il correspond aux anciens genres *Vola* ou *Janira*, caractérisés par une valve inférieure très bombée et une valve supérieure complètement plane ou même parfois un peu concave, des oreilles égales, symétriques, très grandes, un sinus byssal nul. L'une de ces espèces, le *Pecten Jacobæus* ne vit que dans la Méditerranée; l'autre se trouve sur toutes nos côtes.

PECTEN MAXIMUS, Linné.

Ostrea maxima, Linné, 1758. *Syst. nat.*, édit., X, p. 696. — 1767. Édit. XII, p. 1144. — Donovan, 1800. *Brit. Shells*, II, pl. XLIX.

Pecten maximus, Pennant, 1777. *Brit. Zool.*, IV, p. 49, pl. LIX, fig. 61. — Brown, 1844. *Ill. conch.*, p. 71, pl. XXV, fig. 1.— Sowerby, 1847. *Thes. conch.*, p. 45, pl. XV, fig. 98 à 100. — Reeve, 1852. *Icon. conch.*, *Pecten*, pl. IX, fig. 32. — Forbes et Hanley, 1853. *Brit. Moll.*, II, p. 296, pl. XLIX. — Sowerby, 1859. *Ill. ind.*, pl. XI, fig. 13. — Jeffreys, 1863-69. *Brit. Moll.*, II, p. 72; V, p. 169, pl. XXIV. — Hidalgo, 1870. *Moll. marin.*, pl. XXXIII, fig. 1; pl. XXXIV, fig. 1. — Locard, 1886. *Prodr malac. franç.*, p. 506. — Kobelt, 1887. *Prodr.*, p. 435.

— *vulgaris*, da Costa, 1778. *Brit. conch.*, p. 140, pl. IX, fig. 3.

Vola maxima, Chenu, 1859. *Man. conch.*, II, p. 185, fig. 935.

Janira maxima, Fischer, 1878. *In Act. Soc. Lin. Bord.*, XXXII, p. 179.

Pecten medius (non Lamck.), Daniel, 1883. *In Journ. conch.*, XXXI, p. 259.

HISTORIQUE. — Le *Pecten maximus* et le *P. Jacobæus* sont certainement les deux espèces les mieux connues et les plus répandues de tous nos *Pecten* d'Europe. Ce n'est pourtant pas du *Pecten maximus* dont il est question dans les anciens auteurs. Habitant principalement l'Océan, il ne devait vraisemblablement pas être connu du temps d'Aristote (1).

(1) Les Κτεἰς ou *Pecten* sont, d'après Aristote, des coquilles à surface cannelée; leurs valves s'ouvrent et se ferment à l'aide d'une charnière, lorsqu'on les approche; etc. *(Hist. anim.*, liv. IV, chap. IV, V, VII et VIII.)

Mais il est fort possible que les Latins contemporains de Pline ou de ses descendants en aient eu connaissance (1). Déjà Pline affirmait que les meilleurs et les plus estimés étaient ceux de Mitylène, de Tyndaris, de Salone, d'Altinum, d'Antium, de l'île de Pharos près d'Alexandrie (2). Or, puisque les Romains connaissaient le moyen de faire venir jusque sur leurs tables des Huîtres fraîches du Médoc et de la Bretagne, sans doute ils ne devaient point dédaigner ces grands et beaux *Pecten* pêchés dans les mêmes parages, et dont la chair fine et savoureuse avait aussi déjà ses appréciateurs (3). Dans tous les cas, les auteurs de cette époque avaient une conception de l'espèce telle qu'ils n'auraient su séparer ces deux formes que par de simples indications de provenance.

D'après Linné, Lister (4) ne paraît pas avoir connu le *Pecten Jacobæus;* il figure l'espèce qu'il désigne déjà sous le nom de *Pecten maximus.* Pourtant, comme l'a admis de Lamarck (5) dans sa synonymie, les planches CLXV, figure 2, et CLVI, figure 3, portant au bas l'indication de la mer Méditerranée comme habitat, ne peuvent laisser subsister le moindre doute relativement à la séparation de ces deux formes. Gualtieri également (6) paraît avoir établi une distinction réelle entre ces deux formes.

Dans son *Catalogue des Mollusques des environs de Brest,* M. le Dr Daniel a cité, sur l'indication de MM. Crouan, la présence du *Pecten medius* de de Lamarck (7), comme ayant été pêché sur les côtes du Finistère, du côté de Paimpol et de Morlaix. Déjà avant lui Requien avait cité cette même forme dans son *Catalogue des coquilles de Corse* (8). Le véritable *Pecten medius* est une forme indienne très exactement représentée par Reeve (9), intermédiaire, il est vrai, entre les *Pecten maximus* et *P. Jacobæus,* mais certainement différente de ces deux espèces. Or, suivant son âge, et surtout suivant certaines variations individuelles, il arrive parfois que les côtes de la valve supérieure du *Pecten maximus* sont plus

(1) *Vide :* A. Locard, 1884. *Hist. des Mollusques dans l'antiquité*, p. 101 à 141.

(2) Pline, *Hist. nat.*, liv. XXXII, chap. LIII, 6.

(3) Dans la nécropole de Trion, à Lyon, remontant aux premiers siècles de notre ère, on a trouvé associés à vingt et une espèces de Mollusques différents des *Pecten maximus* et *P. Jacobæus.* (A. Locard, 1885. *Note sur une faunule malacologique gallo-romaine*, p. 6)

(4) Lister, 1678. *Hist. anim. Angliæ*, pl. V, fig. 29. — 1685. *Syn. meth. conch.*, pl. CLXIII, fig. 1.

(5) De Lamarck, 1819. *Anim. sans vert.* VI, 1, p. 163. — 1835. *Édit.* Deshayes, VII, p. 130.

(6) Gualtieri, 1742. *Ind. test. conch.*, pl. XCVIII, fig. A, B. — pl. XCIX, fig. B.

(7) De Lamarck, 1819. *Loc. cit.*, VI, I, p. 163. — 1835. *Loc. cit.*, VII, p. 130.

(8) Requien, 1848. *Cat. coq. Corse*, p. 31.

(9) Reeve, 1852. *Icon. conch.*, *Pecten*, pl. XI, fig. 44.

hautes, plus étroites, et même un peu plus rapprochées que dans le type. C'est une telle forme qui bien certainement a été prise par MM. Crouan pour un individu du *Pecten medius*. M. le Dr Daniel, que nous avons consulté à ce sujet, nous écrit qu'il se souvient d'avoir vu, il y vingt-cinq ans, cet individu à côtes de la valve supérieure étroites, et qu'il était en effet à l'état jeune. Nous maintiendrons donc cette forme, mais à l'éta de simple variété.

Description. — Coquille de très grande taille; galbe général subarrondi, un peu plus large que haut, très inéquivalve, plat en dessus, très bombé en dessous, équilatéral. —Régions antérieure et postérieure larges, aussi développées l'une que l'autre, assez hautes; lignes apico-antérieure et postérieure (1) droites ou un peu concaves dans leur milieu, atteignant environ le tiers de la hauteur totale à partir des sommets ; bord inférieur largement arrondi dans tout son ensemble à profil ondulé. — Sommets méplans ou déprimés sur la valve supérieure, très saillants et très renflés sur la valve inférieure. — Oreilles égales, très grandes, hautes et larges, à profil extérieur presque droit, celles de la valve supérieure à surface un peu concave, celles de la valve inférieure convexes-ondulées; sinus byssal nul.

Valve supérieure presque plane ou à peine un peu bombée dans la partie médiane, le plus souvent concave dans la région des sommets sur une étendue égale environ au tiers de la hauteur totale; valve inférieure souvent un peu plus grande que la valve supérieure, très bombée, avec le maximum de bombement aux deux septièmes de la hauteur totale à partir des sommets, puis lentement et régulièrement atténué jusqu'à la périphérie. — Sur la valve supérieure 14 à 16 côtes régulières, subégales, équidistantes, les deux ou quatre extrêmes souvent confuses et plus rapprochées, toutes obsolètes à leur origine, puis un peu aplaties dans la partie concave de la valve, ensuite arrondies, puis un peu méplanes à leur extrémité, séparées par des espaces intercostaux méplans, peu profonds, un peu plus larges que l'épaisseur des côtes. — Sur la valve inférieure 15 à 17 côtes, plus fortes, régulières, subégales, équidistantes, les extrêmes confuses et rapprochées, toutes obtuses à leur naissance, puis progressivement arrondies, un peu méplanes à leur extrémité, séparées par des espaces intercostaux méplans peu profonds,

(1) Nous désignons sous ce nom les deux lignes droites ou presque droites qui, partant des sommets, vont rejoindre les parties extrêmes des régions antérieure et postérieure.

plus étroits que leur épaisseur. — Intérieur orné sur les deux valves de séries alternantes de saillies et de creux à fonds méplats, correspondant aux espaces intercostaux et aux côtes de l'extérieur, devenant obsolètes dans la région des sommets, nettement limités dans la région basale par des cordons étroits, peu saillants, arrondis, bien rectilignes, un peu infléchis à leur extrémité; bord basal très largement et profondément crénelé. — Oreilles ornées de costulations rayonnantes fines, subégales, parfois un peu flexueuses, très rapprochées, terminées dans le haut par un épais bourrelet transversal plus développé et plus embrassant dans la valve inférieure que dans la valve supérieure.

Test solide, un peu mince, à peine subopaque, peu brillant, si ce n'est dans le fond de la partie concave de la valve supérieure qui est presque complètement lisse, orné sur les deux valves aussi bien sur les côtes que dans les espaces intercostaux, de petites costulations longitudinales fines, peu saillantes, un peu arrondies, assez irrégulièrement espacées, laissant entre elles des espaces ordinairement un peu plus grands que leur épaisseur, s'évanouissant dans la région des sommets ; stries transversales très fines, très rapprochées, plus accusées dans les espaces intercostaux de la valve supérieure, se confondant avec les stries d'accroissement, découpant très finement les côtes et leurs costulations. — Coloration différente sur chaque valve ; valve inférieure d'un blanc grisâtre un peu roux, avec quelques zones confuses un peu plus foncées, passant au roux clair dans la région des sommets ; valve supérieure d'un roux plus ou moins foncé, rarement complètement monochrome, le plus ordinairement avec des zones concentriques mal définies, alternativement plus claires et plus foncées, parfois maculé ou légèrement marbré de brun. — Intérieur blanc nacré, devenant d'un roux plus ou moins brun à la périphérie.

Dimensions. — Hauteur, 105 à 130 ; largeur 120 à 150 ; épaisseur, 15 à 35 millimètres.

Observations. — Le *Pecten maximus* présente peu de variations, mais suivant l'âge il donne naissance à quelques modifications intéressantes à signaler. Lorsqu'il est jeune, sa valve supérieure est toujours très mouvementée ; il se produit d'abord une large et profonde dépression dans le voisinage des sommets, suivie plus tard d'un bombement dont le maximum a lieu aux deux tiers de la hauteur totale, pour se terminer souvent, à la périphérie, par une nouvelle dépression. Dans le jeune âge, les côtes, aussi bien celles de la valve supérieure que celles de la valve inférieure sont toujours bien arrondies, et comme les costulations sont parfois assez fortes, surtout relativement à celles de la valve inférieure, il s'ensuit une tendance à ressembler au *Pecten Jacobæus*; de là l'idée de rapporter cette forme à une coquille intermédiaire entre le *Pecten maximus* le *Pecten Jacobæus*, soit le *Pecten medius* de de Lamarck.

Avec l'âge le faciès ornemental se modifie ; le galbe devient plus transversal, les côtes sur les deux valves s'affaissent en s'élargissant ; les stries transversales sont plus fortes et l'ensemble du test devient plus rugueux. Nous avons dit que la valve inférieure était parfois plus grande que la valve supérieure ; ce n'est pas en effet une simple question d'âge ; il existe des échantillons de très grande taille, absolument adultes, chez lesquels la valve supérieure est en retraite de 2 à 3 millimètres par rapport à la valve inférieure.

Le nombre et le mode de répartition des costulations longitudinales sont extrêmement variables. Dans le jeune âge, ces costulations semblent faire défaut dans les espaces intercostaux ; elles ne commencent réellement à être sensibles qu'à partir du moment où la coquille a atteint au moins un bon tiers de sa longueur totale ; jusque-là elles ne sont apparentes que sur les côtes. Plus tard elles deviennent tout aussi fortes et tout aussi accusées sur les côtes de la valve supérieure que dans les espaces intercostaux ; on en compte en moyenne de 5 à 7 dans ces deux parties ; mais souvent elles sont plus rapprochées sur les côtes ; il en existe aussi de beaucoup plus petites qui sont juxtaposées contre une autre beaucoup plus forte ; dans les régions extrêmes antérieure et postérieure, elles sont souvent fortes et un peu ondulées, se confondant même avec les véritables côtes, surtout à la périphérie. Enfin, dans quelques espaces intercostaux, on ne trouve plus qu'une seule costulation exactement médiane.

Le *modus vivendi* de cette belle coquille est très singulier. Elle se déplace beaucoup plus facilement que toutes les autres espèces. Les anciens connaissaient déjà sa manière de battre l'eau en agitant ses valves. M. le Dr Fischer affirme qu'elle arrive à se projeter à 60 centimètres de hauteur à l'aide de cinq à six battements très rapides des valves. Nous renvoyons le lecteur aux études faites par MM. Crosse (1) et Fischer (2) à ce sujet.

(1) M. Crosse, 1868. *Note pour servir à l'hist. nat. de quelques Moll.*, *in Journ. conch.*, XVI, p. 6.

(2) P. Fischer, 1869. *Note sur la natation du Pecten maximus.*, *loc. cit.*, XVI, p. 121.

Variétés. — Il existe peu de variétés *ex-forma* et *ex colore* chez cette grande espèce; nous signalerons pourtant les suivantes :

Major. — De très grande taille, dépassant 150 millimètres de largeur.

Minor. — De petite taille, ne dépassant pas 100 millimètres de longueur.

Rotundata. — D'un galbe un peu petit, bien arrondi.

Depressa. — Avec la valve inférieure moins bombée, l'ensemble des deux valves plus déprimé.

Luteola. — La valve supérieure d'un jaune pâle, ornée de roux très clair.

Albida. — Complètement blanche ; avec l'intérieur des valves moiré (1)

Rufula. — D'un rouge sombre, presque monochrome.

Maculata. — Avec des taches brunes, bien accusées surtout sur les côtes.

Marmorea. — Avec de larges marbrures, un peu confuses, brunes ou grises.

Zonata. — Avec des zones concentriques plus foncées, plus ou moins bien définies.

Habitat. — Commun; sur toutes les côtes de la Manche et de l'Océan ; moins abondant sur les côtes de la Méditerranée.

PECTEN JACOBÆUS, Linné.

Ostrea Jacobæa, Linné, 1758. *Syst. nat.*, édit. X, p. 696 — 1767. Édit. XII, p. 1149. — Poli 1795. *Test. utr. Sicil.*, II, pl. XXVII, fig. 1, 2.

Pecten Jacobi, Chemnitz, 1784. *Conch. cab.*, VII, pl. LX, fig. 588.

— *Jacobæus*, Pennant, 1767. *Brit. Zool.*, IV, p. 100, pl. XL, fig. 1. — Sowerby, 1847. *Thes. conch.*, I, p. 46, pl. XV, fig. 107 et 108; pl. XVII, fig. 153. — Reeve, 1852. *Icon. conch.*, *Pecten*, pl. X, fig. 29, *a*, *b*. — Hidalgo, 1870. *Moll. marin.*, pl. XXXI, fig. 1 ; pl. XXXII, fig. 1 ; pl. XXXII, A, fig. 1, 2. — Locard, 1886. *Prodr. malac. franç.*, p. 506. — Kobelt, 1887. *Prodr.*, p. 433.

Historique. — Comme nous l'avons expliqué précédemment, le *Pecten Jacobæus* est l'espèce qui a servi de prototype aux auteurs anciens grecs et latins. C'est le Κτείς d'Aristote et le véritable *Pecten* de Pline. C'est cette même coquille que de pieux pèlerins portaient sur leur poitrine

(1) Aux environs de Brest, dans le Finistère, la proportion des albinos est de un sur mille individus environ, d'après M. le Dr Daniel.

lorsqu'ils revenaient de faire leurs dévotions devant les restes de saint Jacques le Majeur, l'apôtre fidèle qui accompagna Jésus au jardin des Oliviers (1) ; de là, le nom de *cappa santa* ou de *San Giacomo* qui lui fut donné fort anciennement en Italie, ainsi que nous l'apprend Bonani (2). C'est ce dernier nom que Linné a adopté lorsqu'en 1758 il créa son *Ostrea Jacobæa*.

Mais fort longtemps on confondit cette forme méditerranéenne avec le *Pecten maximus* des côtes océaniques, et cette confusion a donné lieu à une fâcheuse interprétation dans la répartition géographique des espèces. Nous savons bien que le *Pecten maximus* vit également dans la mer Méditerranée, mais jamais on n'a rencontré le *Pecten Jacobæus* dans l'Océan. C'est ainsi que Regenfuss (3), après avoir représenté avec un soin et un art admirables la valve inférieure du *Pecten maximus*, la baptise du nom de coquille de Saint-Jacques, et déclare qu'on la trouve en quantité dans la Méditerranée et même en Norvège.

Pennant (4), Pultney (5) et Fleming (6), ont prétendu que cette coquille vivait sur les côtes de la Grande-Bretagne (7) ; de Lamarck commit la même erreur, lorsqu'il nous dit que cette espèce habitait les mers d'Europe (8). Depuis lors bon nombre d'auteurs ont suivi ces errements, les uns en se basant sur des coquilles non adultes, d'autres en se bornant à copier leurs prédécesseurs sans en contrôler les assertions. De Gerville (9) prétend l'avoir rencontrée à Cherbourg, et Macé (10) confirme un pareil dire. Or, d'après un document qu'a bien voulu nous envoyer M. A. Dutot, de Cher-

(1) Saint Jacques le Majeur ou l'Ancien, était fils du pêcheur Zébédée et de Marie Salomé ; il quitta sa barque et ses filets pour suivre Jésus, parcourant avec lui la Galilée. De là sans doute l'idée de lui donner comme attribut des coquillages. Son corps serait, dit-on, à Saint-Jacques-de-Compostelle, où dès le IXe siècle se rendaient de nombreux pèlerins, avec le bâton de voyage en main, le bourdon, la calebasse en sautoir et les coquilles de *Pecten* sur le dos et la poitrine.

(2) Bonani, 1782. *Mus. Kicher.*, II, p. 35.

(3) Regenfuss, 1758. *Auserl. schneck. Musch.*, p. 23, pl. II, fig. 19.

(4) Pennant, 1777. *Brit. Zool.*, IV, p. 100, pl. LX, fig. 62.

(5) Pultney, 1799. *In* Hutchins, *Hist. Dorset.*, p. 36.

(6) J. Fleming, 1828. *Hist. Brit. Anim.*, p. 382.

(7) On remarquera que les auteurs anglais qui ont décrit ou figuré le *Pecten Jacobæus* l'ont fait d'après des types qui ne peuvent laisser le moindre doute à l'égard de la spécification. Pennant, Donovan et Brown ont représenté des formes méditerranéennes les plus caractéristiques : — Pennant, *loc. cit.* — Donovan, 1802. *Brit. Shells*, IV, pl. CXXXVIII. — Brown, 1827. *Ill. rec. conch.*, 1er édit., pl. XXXIII, fig. 5. — 2e édit., pl. XXIV, fig. 5.

(8) De Lamarck, 1819. *Anim. sans vert.*, VI, I, p. 163. — 1836. *Edit.* Deshayes, VII, p. 131.

(9) De Gerville, 1825. *Cat. coq. départ. Manche*, p. 29. — Petit de la Saussaye, 1851. *In Journ. conch.*, II, p. 387.

(10) J. A. Macé, 1860. *Essai d'un cat. Moll. Cherbourg et Valogne*, in *Congrès scient. France*, p. 269.

bourg, cette espèce n'existe pas dans la collection locale du Musée de la ville, et ni M. Dutot ni ses amis ne l'ont jamais pêchée dans les eaux de la Manche.

M. le Dr Daniel, dans son intéressant *Catalogue des Mollusques des environs de Brest* (1), indique, mais avec un point de doute, et sous toutes réserves, d'après M. de Kermorvan, ce même *Pecten* comme ayant été trouvé du côté de Quimper (2). Nous devons à l'extrême complaisance de M. le Dr Daniel un important envoi de jeunes individus du *Pecten maximus* dont les valves peuvent, à la rigueur, être prises pour celles d'un *Pecten Jacobæus*, par suite de leur saillie et de l'absence de costulations sur la valve supérieure; ce sont bien certainement ces mêmes formes qui ont été tour à tour confondues soit avec le *Pecten Jacobæus* soit avec le *P. medius*. Il reste donc aujourd'hui bien démontré que le *Pecten Jacobæus* est une forme essentiellement méditerranéenne.

Description. — Coquille de très grande taille; galbe général subarrondi, un peu plus large que haut, très inéquivalve, plat en dessus, très bombé en dessous, équilatéral. — Régions antérieure et postérieure très larges, aussi développées l'une que l'autre, assez hautes; lignes apico-antérieure et postérieure légèrement concaves dans le voisinage des sommets, puis droites et bien allongées, atteignant environ aux deux cinquièmes de la hauteur totale à partir des sommets; bord inférieur très largement arrondi dans tout son ensemble, à profil fortement ondulé. — Sommets inégaux ou déprimés sur la valve supérieure, très saillants et très renflés sur la valve inférieure. — Oreilles égales, très grandes, hautes et larges, à profil externe presque droit ou à peine ondulé, celles de la valve supérieure à surface un peu concave, celles de la valve inférieure convexes-ondulées; sinus byssal nul.

Valve supérieure presque plane, ou à peine un peu bombée dans sa partie médiane, concave dans la région des sommets, sur une longueur sensiblement égale au tiers de la hauteur totale; valve inférieure souvent un peu plus grande que la valve supérieure, très bombée, avec le maximum de bombement aux deux septièmes de la hauteur totale à partir des sommets, puis lentement et régulièrement atténuée jusqu'à la périphérie.

(1) Daniel, 1883. *In Journ. conch.*, t. XXX, p. 259.

(2) Taslé père, dans son *Cat. Moll. Morbihan*, p. 25, dit également : « M. Bouchart, de Lorient, m'a montré dans sa collection un individu du *Pecten Jacobæus*, Lin., qu'il croit avoir trouvé vivant au marché. » Une telle indication est trop vague pour qu'elle ait quelque valeur dans une pareille discussion.

— Sur la valve supérieure 16 à 18 côtes très régulières, subégales, équidistantes, les deux extrêmes un peu confuses et très rapprochées, toutes obsolètes à leur origine, puis progressivement, bien arrondies et bien saillantes jusqu'à leur extrémité, à bords bien limités, séparées par des espaces intercostaux méplans dans le fond et un peu plus larges que l'épaisseur des côtes. — Sur la valve inférieure 17 à 19 côtes notablement plus fortes, très régulières, subégales, équidistantes, obsolètes dans la région des sommets, puis un peu arrondies et ensuite presque complètement méplanes jusqu'à leur extrémité, très nettement anguleuses sur les bords, séparées par des espaces intercostaux profonds, méplans dans le fond, un peu plus étroits que l'épaisseur des côtes ; sur chaque côte de deux à quatre costulations arrondies, fortes, simples ou bifides, saillantes, dont une sur chaque angle de la côte, séparées par des espaces plus étroits que leur épaisseur, souvent irrégulières. — Intérieur orné sur les deux valves de séries alternantes de creux et de saillies à profil carré, à bords anguleux, correspondant aux côtes et aux espaces intercostaux de l'extérieur, devenant obsolètes dans le voisinage des sommets; bord basal largement et profondément crénelé. — Oreilles lisses ou presque lisses sur la valve supérieure, ornées sur la valve inférieure de costulations rayonnantes peu fortes, irrégulières, arrondies, irrégulièrement espacées, onduleuses, terminées dans le haut de chaque valve par un épais bourrelet transversal arrondi, celui de la valve inférieure dépassant celui de la valve supérieure.

Test solide, un peu mince, à peine subopaque, peu brillant, si ce n'est dans la partie concave de la valve supérieure qui est presque complètement lisse; sur la valve supérieure des costulations un peu méplanes, plus ou moins obsolètes, au nombre de 3 à 6 sur les côtes, irrégulièrement réparties, encore moins nombreuses et surtout moins saillantes dans les espaces intercostaux, le tout recoupé par des stries décurrentes très fines, très rapprochées, assez saillantes, un peu ondulées, presque continues et comme squameuses; sur la valve inférieure et en outre des costulations, des stries décurrentes un peu plus fortes, plus irrégulières, plus saillantes que sur la valve supérieure. — Coloration différente sur les deux valves : valve inférieure d'un blanc grisâtre parfois un peu roux ou jaunâtre dans le voisinage des sommets; valve supérieure d'un rouge sombre, un peu terne, passant au roux ou au jaunâtre, rarement complètement monochrome, irrégulièrement teintée dans la même gamme, suivant des zones concentriques, parfois mouchetée de brun sur les côtés. — Intérieur blanc nacré, avec quelques maculatures brunes dans le voisinage de la périphérie.

Dimensions. — Hauteur 90 à 120; largeur, 98 à 130; épaisseur, 20 à 30 millimètres.

Observations. — Comme pour le *Pecten maximus*, il existe peu de variations dans le galbe du *Pecten Jacobæus*. Nous remarquons pourtant qu'avec l'âge la coquille tend à devenir de plus en plus transverse. Le mode d'ornementation présente cependant quelques modifications intéressantes à signaler.

Sur la valve supérieure, les côtes sont toujours bien nettement arrondies; pourtant, comme chez le *Pecten maximus*, elles sont également ornées de costulations longitudinales, mais celles-ci sont toujours très peu saillantes, et quelquefois même on les distingue à peine; chez les grands individus, elles sont plus fortes, plus accusées, surtout sur les deux ou trois côtes externes. Dans les espaces intercostaux elles sont toujours confuses.

Sur la valve inférieure, les costulations qui recouvrent les grandes côtes sont toujours très fortes, très accusées, mais en nombre et avec un écartement très variables; il en existe toujours une sur le bord de chaque côte; mais celles-ci sont tantôt simples, tantôt bifides; enfin, la costulation ou les costulations intermédiaires sont rarement symétriques par rapport à ces deux costulations angulaires.

A l'intérieur, chez quelques individus, on observe dans le voisinage de la périphérie, mais jamais complètement au bord, de petits cordons arrondis, peu saillants, souvent colorés, qui délimitent encore plus nettement les plans séparatifs des saillies des côtes; ces cordons ne dépassent jamais la partie correspondant à la concavité de la surface externe de la valve supérieure; dans cette région, les côtes de l'intérieur tendent à s'arrondir.

Quant au mode d'accroissement de la coquille et au profil de la valve supérieure, ils sont exactement les mêmes que chez le *Pecten maximus*, quoique pourtant chez le *Pecten Jacobæus* la valve supérieure ait une tendance a être encore plus convave que chez le *Pecten maximus*, au moins dans le voisinage des sommets.

Variétés. — Les variétés sont encore moins nombreuses chez le *Pecten Jacobæus* que chez le *Pecten maximus*. En dehors des anomalies,

Scacchi s'est borné à signaler deux formes : *radiis glabris* et *radiis striatis* (1).

Major. — De grande taille, d'un galbe très transverse, dépassant 140 millimètres de largeur.

Minor. — De petite taille, ne dépassant pas 90 millimètres de largeur, et d'un galbe arrondi.

Rotundata. — De toutes tailles, mais surtout de taille assez petite, d'un galbe plus arrondi.

Glabra (Scacchi). — Avec les côtes et les espaces intercostaux de la valve supérieure complètement glabres.

Striata (Scacchi). — Avec des costulations très obsolètes sur les côtes de la valve supérieure.

Luteola. — La valve supérieure d'un jaune roux, un peu pâle.

Rufa. — D'un roux plus ou moins foncé, avec quelques zones brunes (2).

Brunea. — D'un rouge brun, très foncé, avec quelques taches plus claires au-dessous des sommets de la valve inférieure.

Albida. — Complètement blanche.

Maculata. — De toutes nuances, avec quelques taches brunes sur les côtes.

Zonata. — De toutes nuances, avec des zones concentriques plus ou moins bien définies.

Rapports et différences. — Rapproché du *Pecten maximus*, on distingue le *Pecten Jacobæus* : à sa taille ordinairement plus petite; à son galbe plus transverse, avec les lignes apico-antérieure et postérieure plus relevées; à sa valve supérieure un peu plus creuse; à ses côtes de la valve supérieure toujours beaucoup plus arrondies, plus saillantes, à peine costulées; à ses côtes de la valve inférieure beaucoup plus saillantes, bien carrées, toujours ornées de 3 à 4 petites côtes bien accusées; à son test orné de stries décurrentes plus fortes, plus squameuses; à son intérieur plus fortement découpé; etc.

Habitat. — Commun; sur toutes les côtes de la Méditerranée.

(1) Scacchi, 1836. *Catal. conch. regni Neap.*, p. I.

(2) C'est à cette variété que se rattache l'observation suivante de M. C. Clément (1875. *Cat. Moll. Gard*, p. 25) : « Les jeunes varient par la coloration de leur valve inférieure qui est tantôt d'un beau violet, tantôt d'un beau rose clair. »

B. — Groupe du P. FELIPES

Le second groupe ou groupe du *Pecten felipes* ne renferme qu'une seule espèce méditerranéenne, de taille très variable suivant les milieux, mais toujours petite sur nos côtes, avec un galbe subtrigone-ovalaire, des valves presque égales, comprimées, ornées de côtes très grosses, peu nombreuses, avec un sinus byssal bien marqué.

PECTEN FELIPES, Linné.

Ostrea pes-felis, Linné, 1758. *Syst. nat.*, édit., X, p. 697. 1769. Edit. XII, p. 1146.
— *corallina*, Poli, 1795. *Test. utr. Sicil.*, II, p. 164, pl. XXVIII, fig. 16.
Pecten pes-felis, Chemnitz, 1784. *Conch. cab.*, VII, pl. LXIV, fig. 612-613. — de Lamarck, 1819. *Anim. s. vert.*, VI, I, p. 170. — 1836. *Edit.* Deshayes, VII, p. 140. — Sowerby, 1847. *Thes. conch.*, *Pecten*, p. 67, pl. XVII, fig. 162 ; pl. XX, fig. 234. — Reeve, 1853. *Icon. conch.*, *Pecten*, pl. XIX, fig. 66. — Hidalgo, 1870. *Moll. marin.*, pl. XXXIV, fig. 5, 6. — Kobelt, 1887. *Prodr.*, p. 436.
— *Bornii*, Payraudeau, 1826. *Cat. moll. Corse*, p. 76.
— *felipes*, Locard, 1886. *Prodr. malac. franç.*, p. 512.

Historique. — L'histoire de cette coquille est des plus simple. Figurée pour la première fois par Bonani (1), cette espèce a été décrite par Linné en 1758. Born (2), en 1780, décrit et figure, sous le nom d'*Ostrea elongata*, une forme un peu plus allongée, un peu plus étroite que le type, et que Payraudeau baptise à son tour en 1826 de *Pecten Bornii*. Mais ce ne sont en somme qu'une seule et même espèce, ainsi que nous avons pu nous en assurer en étudiant le type rapporté de Corse par Payraudeau au Muséum de Paris.

Convient-il de conserver ce nom de *pes-felis ?* Il nous paraît contraire aux règles de la nomenclature qui n'admet les noms composés qu'à la condition d'être fondus en une seule dénomination. Quoique Lamarck ait traduit ce nom de *Pecten pes-felis* en Peigne gibecière, nous croyons qu'il est plus correct de garder la dénomination linnéenne en écrivant *Pecten felipes*.

Description. — Coquille de taille arrondie ; galbe général subtrigone-ovalaire, allongé, comprimé, subéquivalve, subéquilatéral. — Région antérieure un peu plus haute et légèrement plus développée que la région

(1) Bonani, 1681. *Recr. ment. et oc.*, II, fig. 7.
(2) Born, 1780. *Test. mus. Vind.*, p. 103, pl. VI, fig. 2.

postérieure ; ligne apico-antérieure un peu courte, concave en son milieu, atteignant aux trois septièmes environ de la hauteur totale; ligne apico-postérieure droite, très allongée, tombante; bord inférieur bien arrondi, à profil légèrement ondulé. — Sommets très anguleux, un peu saillants. — Oreilles très inégales ; les postérieures très petites, peu développées, à bord droit ; les antérieures très grandes, très développées, échancrées dans le bas, celles de la valve inférieure un peu étroites, à profil extérieur arrondi, celles de la valve supérieure très largement ondulées ; sinus byssal large mais peu profond.

Valves légèrement bombées, avec le maximum de bombement reporté dans le voisinage des sommets, régulièrement et très lentement atténuées depuis ce point jusqu'à la périphérie ; la valve inférieure un peu plus bombée que la valve supérieure. — Sur la valve supérieure 8 côtes, anguleuses et peu distinctes à leur naissance, à direction un peu courbe, très saillantes, bien arrondies à leur extrémité, les deux extrêmes situées près du bord, toutes progressivement subégales, séparées par un espace intercostal un peu plus grand que l'épaisseur des côtes, profond, légèrement méplan dans le fond.— Sur la valve inférieure 8 à 9 côtes, également infléchies, anguleuses et peu distinctes au sommet, fortes, saillantes à leur extrémité, parfois un peu méplanes en dessus, séparées par des espaces intercostaux profonds, un peu plus étroits que l'épaisseur des côtes; les deux extrêmes souvent confuses, toutes les autres régulièrement subégales. — A l'intérieur des deux valves, chaque côte indiquée par une profonde canelure de forme similaire; bord inférieur fortement découpé et orné en outre de petits sillons étroits, peu allongés, assez réguliers.

Test mince, subopaque, orné de costulations longitudinales saillantes, assez écartées, régulières, aussi fortes sur les côtes que dans les espaces intercostaux, à peine atténuées sur la valve supérieure, dépassant légèrement le bord inférieur de façon à le rendre comme crénelé ; stries décurrentes très rapprochées disposées de manière à former sur tout le test un réseau treillissé à mailles très petites, très régulières, donnant à tout le test un aspect rugueux. — Oreilles postérieures costulées, avec deux ou trois mamelons assez forts sur les côtes supérieures; oreilles antérieures fortement costulées avec plusieurs petits mamelons sur les deux ou trois côtes supérieures. — Coloration sensiblement la même sur les deux valves, d'un jaune paille, passant au jaune vif ou orangé, au rose, au rouge-brique et au violacé, tantôt monochrome, tantôt avec des zones concentriques, des marbrures ou des maculatures ; la valve supérieure à peine moins colorée que la valve inférieure; intérieur nacré passant du blanc au rose plus ou moins violacé.

Dimensions. — Hauteur, 40 à 58; largeur, 35 à 48; épaisseur, 12 à 15 millimètres.

Observations. — Outre son galbe tout particulier, le *Pecten felipes* est encore caractérisé par le mode d'ornementation qui recouvre tout son test. Vu à loupe, ce test paraît entièrement couvert de petites malléations très régulières, très profondes, absolument juxtaposées; leur contour n'est pas exactement circulaire, il est plus plutôt pentagonal; nous ne saurions mieux le comparer qu'à la surface d'un dé à coudre un peu usé. C'est le plus ou moins de profondeur de ces malléations qui, joint à la saillie des costulations longitudinales, donne à la coquille ce faciès rugueux si particulier.

Comme l'a fait observer Hanley (1), c'est par erreur typographique que Linné, dans la diagnose de sa dixième édition, indique seulement 7 côtes; la description inscrite au-dessous porte *novem radiis*. De même, lorsque dans la douzième édition (2) il a prétendu que la coquille était inéquivalve, c'est sans doute parce qu'il n'avait pas pu se procurer cette coquille avec ses deux valves, coquille si rare alors, nous dit Chemnitz, qu'à Copenhague on n'en possédait pas d'échantillon complet.

Variétés (3). — *Minor*. — Ne dépassant pas de 20 à 25 millimètres; c'est la forme que l'on trouve le plus souvent sur nos côtes.

Elongata. — D'un galbe plus étroitement allongé; c'est le *Pecten Bornii* de Payraudeau.

Berta, de Gregorio (4). — Avec les côtes moins nombreuses et plus élargies (5).

Cansica, de Gregorio. — Côtes subanguleuses, le bord cardinal orné de petites pustules.

Inflata. — Avec la valve supérieure un peu plus renflée dans son ensemble.

Aurea. — De toutes tailles, mais souvent de taille assez forte, d'un beau jaune d'or.

(1) Hanley, 1855. *Ipsa Lin. conch.*, p. 106.
(2) Linné, 1767. *Syst. nat.*, édit. XII, p. 1146.
(3) Nous indiquons ces nombreuses variétés d'après un grand nombre d'échantillons pêchés un peu partout dans la Méditerranée.
(4) De Gregorio, 1884-85. *Stud. conch. médit.*, p. 188.
(5) Reeve, 1853. *Icon. conch.*, *Pecten*, pl. XIX, fig. 66, *a*.

Aurantiaca. — De toutes tailles, d'un jaune orangé, soit monochrome, soit avec quelques maculatures plus foncées.

Rubiginosa. — D'un rouge un peu terne, rarement monochrome, le plus souvent avec des zones concentriques et des maculatures.

Violacea. — D'un violet foncé, rarement monochrome, le plus souvent avec des zones concentriques plus teintées.

Grisea. — D'un gris perle, cendré, monochrome.

Albida. — Les deux valves presque complètement blanches.

Bicolor. — Les côtes rouges se détachant sur un fond violacé (1).

Punctata. — De toutes nuances, avec un pointillé blanc assez fin, régulier.

Maculata. — De toutes nuances, avec des maculatures irrégulières blanches ou plus foncées que le fond.

Marmorea. — De toutes tailles avec de larges marbrures blanches ou de teinte plus foncée que le fond; souvent la tache blanche est soulignée d'un trait foncé.

Zonata. — De toutes nuances, avec de trois à cinq zones concentriques plus foncées, généralement assez étroites.

Rapports et différences. — Le *Pecten felipes* est si particulièrement caractérisé qu'il nous semble devoir constituer un groupe à part. Nous ne voyons aucune autre forme française avec laquelle il puisse être confondu.

Habitat. — Rare; sur les côtes de la Méditerranée; MM. Fischer et de Folin l'ont signalé dans la région aquitanique, au cap Breton (2); on le pêche sur nos côtes le plus souvent à l'état de valves isolées, dans la zone des laminaires. Nous devons à l'extrême complaisance de M. le professeur Marion la communication d'un échantillon complet mesurant 50 millimètres de hauteur sur 45 de diamètre, dragué dans le golfe de Marseille.

(1) Hidalgo, 1870. *Moll. marin.*, p. XXXIV, fig. 5.
(2) P. Fischer, 1878. *In soc. Lin. Bord.*, t. XXXII, p. 179.

C. — Groupe du P. VARIUS

Le troisième groupe ou groupe du *Pecten varius* comprend des coquilles de taille moyenne, d'un galbe un peu allongé dans le sens de la hauteur, avec des valves presque égales, sensiblement équilatérales, ornées d'un grand nombre de côtes plus ou moins fines, souvent irrégulières et squameuses, et des oreilles très inégales; ce sont les véritables *Chlamys;* ce groupe comprend cinq espèces.

PECTEN VARIUS, Linné

Ostrea varia, Linné, 1758. *Syst. nat.*, édit. X, p. 698. — 1767. Édit. XII, p. 1146.
— *muricata*, Gmelin, 1789. *Syst. nat.*, édit., XIII, p. 3320.
— *punctata*, Gmelin. *Loc. cit.*, p. 3320.
— *aculeata*, Gmelin. *Loc. cit.*, p. 3320.
— *subrufa*, Gmelin. *Loc. cit.*, p. 3329.
— *ochroleuca*, Gmelin. *Loc. cit.*, p. 3330.
— *mustellina*, Gmelin. *Loc. cit.*, p. 3330.
— *flammea*, Gmelin. *Loc. cit.*, p. 3330.
— *incarnata*, Gmelin. *Loc. cit.*, p. 3330.
— *versicolor*, Gmelin. *Loc. cit.*, p. 3331.
Pecten monotis, da Costa, 1778. *Brit. conch.*, p. 151, pl. X, fig. 1, 2, 4, 5, 7, 9.
— *varius*, Chemnitz, 1784. *Conch. cab.*, VII, p. 331, pl. LXVI, fig. 633 et 634. — Sowerby, 1847. *Thes. conch.*, I, p. 76, pl. XIX, fig. 214 à 218. — Forbes et Hanley 1853. *Brit., moll.*, II, p. 273, pl. L, fig. 1. — Reeve, 1853. *Icon. conch.*. pl. XXV fig. 102, *a*, *b*. — Sowerby, 1859. *Ill. ind.*, pl. IX, fig. 2, 3. — Jeffreys, 1863-69. *Brit. conch.*, II, p. 53; V, p. 166, pl. XXII, fig. 2. — Hidalgo, 1870. *Moll. marin.*, pl. XXXV, A, fig. 3, 4; pl. XXXVI, fig. 1 à 5. — Locard, 1886. *Prodr. malac. franç.*, p. 509. — Kobelt, 1887. *Prodr.*, p. 439.
Chlamys varia, Fischer, 1886. *Man. conch.*, p. 944, fig. 711, 713, 714.

HISTORIQUE. — Cette espèce, pourtant si commune, n'a été figurée que par un petit nombre d'auteurs anciens. Linné, dans sa dixième édition, après en avoir donné une très courte diagnose, suivie d'une fausse indication de localité, ne cite aucune référence. Dans sa douzième édition, il complète sa description et se borne à renvoyer à une figuration de l'atlas de Gualtieri (1). Da Costa (2) de Lamarck (3) et surtout Deshayes (4) ont complété cette synonymie. Ce dernier auteur y a rajouté les *Ostrea muricata*, *O. punctata*, *O. aculeata*, *O. subrufa*, *O. ochroleuca*, *O. mustel-*

(1) Gualtieri, 1742. *Index Test.*, pl. LXXIV, fig. R.
(2) Da Costa, 1778. *Hist. Test. Brit.*, p. 151.
(3) De Lamarck, 1819. *Anim. sans vert.*, VI, I, p. 175.
(4) Deshayes, 1836. *Anim. sans vert.*, VII, p. 147.

lina, *O. flammea*, *O. incarnata* et *O. versicolor* de Gmelin, qui ne seraient que de simples variétés d'un type assez variable, au moins sous le rapport de la coloration. Les auteurs ne sont du reste pas absolument d'accord au sujet de ces prétendues espèces de Gmelin. Reeve exclut de la liste que nous venons de donner les *Ostrea aculeata* et *O. subrufa*. Weinkauff(1), au contraire, les admet toutes. Il est bien difficile aujourd'hui de se rendre un compte exact de la valeur de ces différentes espèces qui ne sont, en somme, basées que sur des manières d'être plus ou moins accidentelles de la coquille, et non pas sur de grandes séries. C'est ainsi que Gmelin range les trois premières de ces espèces, les *Ostrea muricata*, *O. punctata* et *O. aculeata* dans le groupe de ses *auriculis æqualibus*, tandis que les six autres espèces sont pour lui des *auriculis inæqualibus*.

Les *Ostrea muricata*, *O. punctata*, *O. aculeata* et *O. subrufa* de Gmelin nous semblent être, plus encore d'après les références (2) que d'après la description, de véritables *Pecten varius*; l'*Ostrea muricata* serait une grande et belle coquille de galbe un peu large, si la figuration de Gualtieri est exacte. L'*Ostrea subrufa*, malgré sa grande taille, est représenté par Lister sans épines sur les côtes. L'identification de l'*Ostrea mustellina* est plus douteuse, la figuration de Gualtieri laissant singulièrement à désirer (3). Quant aux *Ostrea flammea*, *O. ochroleuca* et *O. incarnata*, ils représentent des *var. minor* du *Pecten varius*. Il est probable que la forme figurée par Gualtieri pour l'*Ostrea flammea* (4) se rapporte à une coquille qui n'est point adulte, à en juger d'après la manière d'être de son test et de son galbe particulièrement allongé. Quant à l'*Ostrea versicolor*, il figure deux fois dans l'ouvrage de Gmelin : une première fois pour une forme très mal interprétée par Bonani (5), et une seconde fois (6) pour un *Pecten varius* de petite taille très bien représenté par Regenfuss (7).

(1) Weinkauff, 1867. *Conch. mittelm.*, I, p. 248.
(2) *Ostrea muricata*, Gualtieri, 1742. *Index Test*, pl. LXXIII, fig. I.
— *punctata*, Gualtieri. *Loc. cit.*, pl. LXXIV, fig. G.
— *aculeata*, Gualtieri. *Loc. cit.*, pl. LXXIV, fig. H.
— *subrufa*, Lister, 1685. *Syn. méth. conch.*. pl CLXXX, fig. 17.
(3) Gualtieri. *Loc. cit.*, pl. LXXIV, fig. S.
(4) Gualtieri. *Loc. cit.*, pl. LXXIV, fig. V.
(5) Gmelin, 1789. *Syst. nat.*, édit., XIII, p. 3319. — Bonani 1782. *Mus. Kircher.*, pl. VIII, fig. 6.
(6) Gmelin, 1789. *Loc. cit.*, p. 3331.
(7) Regenfuss, 1758. *Auserl. Schneck. Musch.*, pl. XII, fig. 64.

Il faut également rapporter au *Pecten varius* le *P. monotis* de Da Costa. Cet auteur en a donné dans son atlas plusieurs bonnes reproductions.

Chez les auteurs modernes, il existe un grand nombre de bonnes figurations du *Pecten varius*. Nous indiquerons notamment celles de Sowerby, de Reeve et d'Hidalgo.

Description. — Coquille de taille assez forte; galbe général subovalaire, un peu haut, comprimé, subéquivalve, subéquilatéral. — Région antérieure haute, un peu étendue, presque aussi développée que la région postérieure; lignes apico-antérieure et postérieure subégales, presque droites ou très légèrement concaves, atteignant sensiblement au tiers de la hauteur totale; bord inférieur bien arrondi, un peu étroit. — Sommets très acuminés, assez saillants. — Oreilles très inégales; les postérieures hautes, très courtes, un peu obliques; les antérieures très allongées : celle de la valve inférieure étroite, fortement échancrée; celle de la valve supérieure haute, à profil externe ondulé; sinus byssal très large et très profond.

Valve supérieure notablement plus bombée que la valve inférieure, avec le maximum de bombement reporté environ aux deux cinquièmes de la hauteur totale, progressivement et lentement atténué jusqu'à la périphérie; bord basal finement ondulé; sur chaque valve de 28 à 36 côtes longitudinales, subégales, très étroites, arrondies, assez saillantes, parfois un peu anguleuses à l'origine, puis à peine méplanes vers le maximum de bombement des valves, saillantes, étroites, bien arrondies à leur extrémité, laissant entre elles des espaces intercostaux profonds, très sensiblement égaux à la hauteur et à l'épaisseur des côtes; sur toutes les côtes, des imbrications saillantes, arrondies à la base, acuminées dans le haut, creusées en dessous en forme de tuiles, inéquidistantes, disposées en lignes concentriques plus ou moins parallèles et régulières. — Intérieur ondulé, presque lisse sous les sommets, profondément crénelé au bord basal. — Sur les oreilles, des côtes rayonnantes peu saillantes, rapprochées, avec des imbrications peu développées, surtout sur l'oreille postérieure de la valve supérieure.

Test un peu mince, solide, subopaque, paraissant lisse ou presque lisse sur les côtes et entre les imbrications, orné dans les espaces intercostaux de stries longitudinales très fines, irrégulières, très rapprochées, discontinues, courtes, très flexueuses et disposées obliquement par rapport aux côtes, recoupées par des stries décurrentes encore plus fines, discontinues, visibles seulement au fond des espaces intercostaux; parfois deux ou trois lignes d'accroissement concentrique, généralement peu marquées. — Coloration très variable, sensiblement la même sur les deux valves, le plus souvent monochrome, parfois avec des zones marbrées ou chagrinées. — Intérieur brillant nacré, participant de la coloration extérieure.

Dimensions. — Hauteur, 40 à 55; largeur, 35 à 45; épaisseur, 14 à 16 millimètres.

Observations. — Le *Pecten varius* varie peu dans son allure générale. Sa taille est plus ou moins grande; nous avons donné ses dimensions moyennes; mais il existe des *var. major* et *minor*. Son galbe paraît être assez constant. Pourtant il nous semble qu'en moyenne les individus de la Méditerranée ont une tendance à être un peu plus larges et un peu plus petits que ceux des côtes océaniques et de la Manche. L'ornementation est très variable et ces variations semblent plutôt individuelles, car dans une même colonie, nous avons observé des individus à nombre de côtes variable, à imbrications plus ou moins fortes, et à coloration très différente.

Le nombre des côtes varie de 22 à 40. Les individus qui ont moins de 26 à 28 côtes sont très rares; de même ceux qui en ont plus de 36. Ces variations dans le nombre des côtes ne nous paraissent avoir aucun rapport avec la coloration ou avec la latitude de l'habitat. Cependant les variétés blanches ont ordinairement moins de côtes que les autres. En général, moins les côtes sont nombreuses, plus elles sont saillantes; dans tous les cas, elles conservent toujours leur caractère de régularité et restent équidistantes. Suivant les milieux, les imbrications sont plus ou moins fortes et surtout saillantes; dans les milieux très tranquilles elles sont souvent très hautes, très pointues à leur extrémité; mais dans ce cas, elles paraissent perdre un peu de leur régularité dans leur position réciproque. Au contraire, dans les milieux agités elles sont beaucoup plus courtes et souvent plus nombreuses et plus rapprochées; parfois même elles disparaissent complètement.

Nous avons dit que chez cette espèce le sinus byssal était très grand. C'est qu'en effet, chez le *Pecten varius* le byssus est en général très fort et très développé; d'après M. P. Fischer (1), la formation de ce byssus est extrêmement rapide; l'animal, après l'avoir filé, peut l'aban-

(1) P. Fischer, 1867. *In Journ. conch.*, XV, p. 108.

donner très facilement, et il semble utiliser cette facilité pour se déplacer à volonté.

VARIÉTÉS. — *Major*. — Coquille de grande taille, atteignant et dépassant 60 millimètres de hauteur (1).

Minor. — De petite taille, n'atteignant pas 40 millimètres de hauteur.

Strangulata. — D'un galbe relativement très étroit (hauteur, 38; largeur, 30 millimètres).

Rotundata. — Galbe arrondi, presque aussi large que haut.

Lævigata. — De toutes tailles, sans imbrications saillantes.

Arzella, de Gregorio (2). — De même galbe, mais avec des côtes plus nombreuses (3).

Gapera, de Gregorio. — Galbe plus déprimé, plus arrondi, à 28 côtes, oreilles très inégales, épines très saillantes, coloration violacée (4).

Rubra, Scacchi (5). — D'un beau rouge vif, monochrome, ou avec quelques zones concentriques plus pâles.

Aurantiaca, Clément (6). — D'une belle couleur orangé, monochrome, ou avec quelques zones concentriques plus pâles.

Violacea, Clément. — D'un violet plus ou moins foncé, monochrome.

Ferruginea. — D'un rouge ferrugineux, plus ou moins foncé.

Fulva, Clément. — D'un jaune pâle, un peu rosé, monochrome.

Lutea, Scacchi. — D'un jaune paille tantôt un peu pâle, tantôt très vif.

Rosacea. — D'un joli rose pâle, souvent marbré de blanc ou de rose plus foncé.

Alba, Scacchi. — Complètement blanche.

Grisea. — D'un gris pâle, un peu rosé sur les sommets.

Atra. — Complètement noire.

Zonata. — De toutes nuances, avec des zones concentriques de même couleur, mais plus ou moins teintées, avec les bords mal définis.

Maculata. — De toutes nuances, avec de petites marbrures ou des mouchetures alternativement plus claires ou plus foncées.

(1) Il existe dans les collections du Muséum de Paris une valve d'un individu provenant de la Manche qui mesure 83 millimètres de hauteur et 82 de largeur; il compte de 28 à 32 côtes. Weinkauff (*Conch. mittelm.*, II, p. 249) cite un individu d'Algérie qui mesure 90 millimètres de haut et 80 de large, et qui n'a que 36 côtes.

(2) De Gregorio, 1884-85. *Stud. alc. conch. médit.*, p. 189.

(3) Reeve, 1853. *Icon. conch.*, *Pecten*, pl. XXV, fig. 102, *a*.

(4) Reeve, 1853. *Loc. cit.*, pl. XXV, fig. 102, *b*.

(5) *Scacchi*, 1836. *Cat. reg. Neap.*, p. 2.

(6) C. Clément, 1875. *Cat. moll. Gard.*, p. 26.

Rapports et différences. — Par son galbe et son ornementation, cette espèce ne peut être rapprochée d'aucune de celles que nous venons d'étudier jusqu'à présent.

Habitat. — Commun ; sur toutes nos côtes.

PECTEN NIVEUS, Macgillivray.

Pecten niveus, Macgillivray, 1835. *In Edinburg nat. and phil. journ.*, XIII, p. 166, pl. III, fig. 1. — Brown, 1844. *Ill. conch.*, p. 74, pl. XXIV, fig. 16. — Sowerby, 1847. *Thes. conch.*, *Pecten*, p. 77, pl. XIX, fig. 223, 224.— Forbes et Hanley, 1863. *Brit. Moll.*, II, p. 276, pl. L, fig 2; pl. S, fig. 3.
— *varius (var. nivea)*, Jeffreys, 1863. *Brit. conch.*, II, p. 54, pl. XXII, fig. 2, *a*.

Historique. — Cette espèce doit avoir été longtemps confondue avec le *Pecten varius*. Sans doute la retrouverait-on dans une des nombreuses figurations fort incomplètes de Gualtieri, que Deshayes (1) et plusieurs autres auteurs ont essayé de rattacher au *Pecten varius*. Macgillivray est le premier naturaliste qui l'ait nettement distinguée. Après lui, Brown, Sowerby, Forbes et Hanley, etc., en ont donné de bonnes figurations. Jeffreys croit devoir la rattacher au *Pecten varius* à titre de variété. Mais cette espèce, non seulement par son ornementation, mais encore par son galbe en est tellement distincte qu'il nous paraît difficile de suivre le savant auteur anglais dans cette voie.

Description. — Coquille de taille assez grande ; galbe général subarrondi, un peu haut, comprimé, subéquivalve, subéquilatéral. — Région antérieure haute, un peu étroite, presque aussi développée que la région postérieure ; lignes apico-antérieure et postérieure allongées, légèrement concaves, subégales, atteignant aux deux cinquièmes de la hauteur totale ; bord inférieur bien arrondi. — Sommets acuminés, saillants. — Oreilles très inégales : les postérieures très courtes, à bord extérieur très oblique ; les antérieures allongées, celle de la valve inférieure très étroite, fortement échancrée ; celle de la valve supérieure haute, à profil légèrement ondulé ; sinus byssal assez large, très peu profond.

Valve supérieure un peu plus bombée que la valve inférieure, avec le maximum de bombement reporté aux deux cinquièmes de la hauteur totale, progressivement et très lentement atténué jusqu'à la périphérie ;

(1) Deshayes, 1836. *Anim. sans. vert.*, VII, p. 147.

bord basal très finement ondulé ; sur chaque valve de 45 à 56 côtes longitudinales, subégales, très étroites, arrondies, assez saillantes, très fines à la naissance, laissant entre elles des espaces intercostaux profonds, à peine un peu plus étroits mais aussi accusés que les côtes; sur toutes les côtes des imbrications saillantes, arrondies à la base, un peu hautes, acuminées, creusées en dessous en forme de tuiles, inéquidistantes, disposées en lignes concentriques plus ou moins régulières et parallèles. — Intérieur finement ondulé, presque lisse dans la région des sommets, crénelé au bord basal. — Sur les oreilles des côtes rayonnantes assez saillantes aussi rapprochées que les côtes, avec des imbrications espacées, peu élevées, surtout sur l'oreille antérieure de la valve inférieure.

Test un peu mince, solide, subopaque, paraissant lisse ou presque lisse sur les côtes, orné dans les espaces intercostaux de petites stries longitudinales très fines, irrégulières, comme ponctuées, très rapprochées, discontinues, courtes, très flexueuses et disposées obliquement par rapport aux côtes, recoupées par des stries décurrentes aussi fines, discontinues, visibles uniquement au fond des espaces intercostaux ; deux ou trois lignes d'accroissement concentrique peu saillantes. — Coloration le plus souvent monochrome, parfois presque la même sur les deux valves, d'un blanc de neige passant au jaune, au rouge ou à l'orangé, avec quelques zones concentriques mal définies, à peine un peu plus teintées. — Intérieur blanc, nacré, brillant, rappelant la coloration extérieure.

Dimensions. — Hauteur, 50 à 53; largeur, 50 à 54 ; épaisseur, 15 à 16 millimètres.

Observations. — Les dimensions que nous venons de donner sont prises sur des échantillons d'Angleterre ; nos échantillons français, ceux du moins que nous avons été à même d'étudier sont en général incomplets et de taille plus petite. Comme chez le *Pecten varius* le nombre des côtes est assez variable ; nous en comptons de 45 à 56 et même 58 chez quelques individus très larges. En général les imbrications sont peu nombreuses, peu saillantes et persistent presque uniquement vers la périphérie.

Il existe chez le *Pecten niveus* deux formes bien distinctes : l'une arrondie, tendant même à devenir plus large que haute, c'est le véritable type ; l'autre plus étroite se rapprochant un peu du galbe du *Pecten varius* ; nous en ferons la *var. elongata*. Jeffreys nous dit que quelquefois cette belle coloration d'un blanc de neige est teintée de pourpre, plus rarement d'orange, de jaunâtre ou de brun de différents tons ; ce sont là autant de *var. ex colore* qu'il est très facile de distinguer. Parfois cette coloration est monochrome et aussi intense que chez le *Pecten varius* ; parfois aussi cette coloration n'affecte que le sommet de la coquille tandis que le reste conserve sa couleur blanche.

VARIÉTÉS. — Les *var. ex forma* sont en général assez rares ; les *var. ex-colore* sont plus nombreuses ; nous indiquerons :

Elongata. — D'un galbe plus étroit, se rapprochant un peu de celui du *Pecten varius.*

Lævigata. — Sans saillies squameuses apparentes.

Inflata. — Avec les deux valves assez renflées au voisinage des sommets.

Rosea. — D'un rose tendre plus ou moins uniforme.

Rufula. — D'un beau rouge vif, monochrome.

Aurantiaca. — D'un beau rouge orangé.

Lutea. — D'un jaune tantôt clair, tantôt foncé, parfois zoné.

Albida. — Complètement blanche.

Zonata. — De toutes nuances avec des zones concentriques plus colorées.

RAPPORTS ET DIFFÉRENCES. — Le *Pecten niveus* est voisin du *P. varius.* On le distinguera : à son galbe toujours plus large, plus arrondi ; à ses lignes apico-antérieure et postérieure beaucoup moins allongées et moins tombantes ; à son sinus byssal moins profond ; à ses côtes toujours beaucoup plus nombreuses, plus minces, plus régulières, laissant des espaces intercostaux plus étroits et moins profonds ; à sa coloration ; etc.

HABITAT. — Très rare ; zone abyssale des côtes océaniques.

PECTEN MULTISTRIATUS, Poli.

Ostrea multistriata, Poli, 1789. *Test. utr. Sicil.*, II, p. 164, pl. XXVIII, fig. 14.
Pecten multistriatus, Risso, 1826. *Hist. nat. Eur. mérid.*, IV, p. 301.
— *pusio (non* Linné), Risso, 1826. *Loc. cit.*, p. 301. — Sowerby, 1847. *Thes. conch.*, I, p. 72, pl. XIV, fig. 62 à 65. — Reeve, 1853. *Icon. conch.*, *Pecten*, pl. XXXIII, fig. 157. — Hidalgo, 1870. *Moll. marin.*, pl. XXXI, A, fig. 3 à 5. — Locard, 1886. *Prodr. malac. franç.*, p. 510 *(pars)*.

HISTORIQUE. — Après avoir reconnu avec Hanley (1), qu'il était bien difficile de savoir au juste ce qu'il en était de l'*Ostrea pusio*, de Linné, la

(1) Hanley, 1855. *Ipsa Lin. conch.*, p. 109.

plupart des auteurs ont cru devoir maintenir sous cette dénomination deux coquilles, l'une océanique, l'autre méditerranéenne, qui, à un certain état de leur vie, offrent une incontestable analogie, pour croître ensuite de façon à présenter une dissemblance absolue, et telle qu'on les a rangés dans deux genres distincts. Nous allons étudier ces différentes manières d'être.

Dans la Méditerranée, et accidentellement dans la région aquitanique de l'Océan, vit une forme régulière, croissant régulièrement, de manière à rester toujours absolument semblable à elle-même, très sensiblement équivalve, et que Poli le premier a décrite et figurée d'une façon suffisamment exacte sous le nom de *Ostrea multistriata*. Si parfois quelques individus présentent dans leur allure un peu d'irrégularité, c'est un fait accidentel purement individuel, ne s'appliquant nullement à toute la colonie. En outre, l'animal vit libre, à la façon des autres *Pecten*, attaché simplement par un byssus, de telle sorte que ses oreilles sont construites comme les oreilles de tous ses congénères.

Dans l'Océan, on trouve au contraire une forme qui toujours est irrégulière; jamais ses deux valves ne sont semblables, même dans l'état le moins imparfait de la coquille; toujours le test est plus ou moins sinueux, les valves irrégulièrement renflées avec des creux et des saillies; dans son jeune âge, il est vrai, son faciès est bien le même que celui du *Pecten multistriatus*, mais bientôt sa manière de vivre change complètement; de libre il devient fixe, et alors son test croît avec toute l'irrégularité qui est le propre des *Ostreidæ*. Le byssus n'ayant plus sa raison d'être, son sinus disparaît et toutes les oreilles deviennent subégales. Alors les valves sont absolument dissemblables, offrant la plus grande variabilité dans leur forme. C'est une telle manière d'être qui avait conduit Defrance (1) à créer pour ces *Pecten* irréguliers le genre *Hinnites*, s'appliquant à des formes vivantes et fossiles. Mais comme l'a démontré M. le Dr Fischer (2), les animaux des prétendus *Hinnites* sont de véritables *Pecten*.

Dans ces conditions, est-on réellement en droit de conclure que ce n'est en somme qu'une seule et même espèce vivant tantôt dans un état parfait, tantôt dans un état imparfait? On remarquera que ces deux états sont constants dans leur manière d'être, qu'ils se reproduisent toujours dans les mêmes conditions, et que si, dans la Méditerranée où vit exclu-

(1) *Vide ante*, p. 8.
(2) Fischer, 1862. *In Journ. conch.*, X, p. 214.

sivement le type parfait, on trouve quelques individus un peu déformés, ils n'atteignent jamais le degré le plus parfait du prétendu état imparfait des côtes océaniques.

Or, ce qui pour nous constitue une espèce, c'est sa manière d'être à l'état adulte; personne ne contestera, par exemple, que les *Pecten opercularis* et *P. commutatus* sont deux bonnes espèces bien distinctes; pourtant, lorsqu'elles sont très jeunes, elles ne diffèrent pas plus entre elles que le *Pecten multistriatus* de la Méditerranée et le *Pecten distortus* de l'Océan. En outre, voilà deux formes qui ont un *modus vivendi* essentiellement distinct : l'une vit libre, l'autre vit fixée sur un corps solide, et toujours leurs descendants en font autant. Ces deux manières d'être sont absolument différentes à l'état adulte, de plus elles se reproduisent semblables à elles-mêmes; ce sont donc bien là des caractères propres à distinguer ce que l'on nomme deux espèces. Enfin par suite de ce *modus vivendi*, les oreilles sont devenues complètement différentes : elles étaient très inégales et pourvues d'un sinus caractéristique, elles sont maintenant égales entre elles et sans aucun sinus. Or, tous les naturalistes admettent qu'un des principaux caractères distinctifs des *Pecten* repose sur la manière d'être des oreilles. En voilà donc bien plus qu'il n'en faut pour distinguer spécifiquement la forme méditerranéenne de la forme océanique.

Si nous arrivons à cette conclusion, c'est que nous tenons à ce que des *formes* aussi distinctes que celles que nous allons décrire soient bien nettement classées et établies sans la moindre équivoque; car en somme, pour nous, l'*espèce* n'existe pas, nous croyons l'avoir suffisamment démontré. Mais pour faire connaître les formes qui se trouvent dans la nature, nous sommes condamné à les diviser en un certain nombre de lots dont les éléments sont qualifiés arbitrairement du nom d'espèces, et nous nous efforçons constamment de donner à ces prétendues espèces la même valeur, la même importance. Si donc, on veut admettre, par exemple, le *Pecten commutatus* et le *P. opercularis*, le *Pecten vitreus* et le *P. Grœnlandicus, etc.*, il faudra, sous peine de manquer complètement de logique, admettre également le *Pecten multistriatus* et le *P. distortus*.

Dans notre synonymie nous avons indiqué un certain nombre de bonnes figurations se rapportant à notre espèce. Weinkauff (1) avait divisé son *Pecten pusio* en *forma regularis* et *forma irregularis*. Dans la première catégorie il a compris les figurations des auteurs anglais, qui tout en don-

(1) Weinkauff, 1866. *Conch. Mittelm.*, I, p. 246.

nant des représentations de coquilles ayant une valve plus ou moins régulière, reproduisent toujours le *Pecten distortus* avec ses oreilles caractéristiques et non pas le véritable *Pecten multistriatus* avec un galbe normal et régulier, tel que nous allons le décrire.

Description. — Coquille de taille moyenne; galbe général d'un ovale assez allongé, comprimé, subéquivalve, subéquilatéral. — Région antérieure haute, un peu étroite, presque aussi développée que la région postérieure ; lignes apico-antérieure et postérieure tombantes, presque droites ou à peine légèrement concaves, atteignant environ les trois septièmes de la hauteur totale; bord inférieur arrondi, un peu étroit. — Sommets acuminés, mais peu saillants. — Oreilles très inégales ; les postérieures très courtes, très hautes, très étroites, à profil extérieur droit et bien allongé; les antérieures très allongées, bien developpées, celle de la valve inférieure peu haute, fortement échancrée, celle de la valve supérieure, haute, large, à profil extérieur ondulé; sinus byssal large et profond.

Valve supérieure légèrement plus bombée que la valve inférieure avec le maximum de bombement reporté aux deux septièmes de la hauteur totale, à partir des sommets, progressivement et régulièrement atténué jusqu'à la périphérie ; bord basal très finement ondulé ; sur chaque valve de 45 à 55 côtes longitudinales droites, très fines, très rapprochées un peu confuses au sommet, arrondies à l'extrémité, peu hautes, disposées par groupes de deux ou trois, dont une toujours un peu plus forte que les autres, laissant entre elles des espaces intercostaux assez profonds, arrondis, à peine un peu plus larges que l'épaisseur des côtes correspondantes ; sur toutes les côtes des imbrications saillantes, nombreuses, rapprochées, arrondies à la base, acuminées dans le haut, creusées en dessous en forme de tuiles, inéquidistantes, disposées en lignes concentriques plus ou moins parallèles et régulières, parfois réduites à l'état de simples saillies squameuses. — Sur les oreilles des côtes rayonnantes, fortes, subégales, rapprochées, avec des imbrications atrophiées, si ce n'est sur la côte la plus supérieure. — Intérieur un peu ondulé, devenant lisse dans la région des sommets, finement mais profondément crénelé au bord basal.

Test un peu mince, assez solide, subopaque, paraissant lisse ou presque lisse sur les côtes entre les imbrications, orné dans les espaces intercostaux de stries longitudinales très fines, irrégulières, très rapprochées, discontinues, courtes, un peu flexueuses, disposées obliquement par rapport aux côtes, recoupées par des stries décurrentes un peu plus fortes, discontinues, parfois relevées sous forme d'imbrications qui se confondent avec celles des côtes les plus petites. — Coloration variable, plus ou moins monochrome, très sensiblement la même sur les deux valves, passant du gris terne ou jaunâtre au rouge vif, orangé ou violacé, plus rarement avec des zones, des marbrures ou maculatures. — Intérieur nacré, participant à la coloration extérieure.

Dimensions. — Hauteur, 22 à 30; largeur, 13 à 15; épaisseur, 9 à 12 millimètres.

Observations. — Chez le *Pecten multistriatus* le nombre et la disposition des côtes sont très variables; jamais elles ne sont absolument égales; il existe toujours une série de côtes plus grosses, presque régulièrement espacées, entre lesquelles se trouvent une ou deux côtes non seulement plus petites que les premières, mais encore d'inégale grosseur et parfois inégalement espacées les unes par rapport aux autres. Enfin, comme nous l'avons dit, on observe chez quelques individus un peu d'irrégularité dans le faciès des valves; ces irrégularités portent soit sur le contour basal, qui est alors plus ou moins régulièrement arrondi, soit même sur le mode de bombement des valves qui peut devenir un peu flexueux avec l'âge. Mais on remarquera que chez ces individus irréguliers, le sinus byssal est toujours tout aussi profond que chez les individus les plus réguliers, caractère qui fait défaut chez tous les *Pecten sinuosus*.

Variétés. — On peut observer chez cette espèce les variétés *ex forma* et *ex colore* suivantes:

Elongata. — Coquilles de toutes tailles, galbe très étroit, très allongé.

Minor. — De petite taille, ne dépassant pas 20 millimètres de hauteur.

Irregularis. — De toutes tailles, avec un développement plus ou moins irrégulier.

Grisea. — D'un gris terne, rarement monochrome.

Lutea. — D'un jaune clair, plus pâle dans la région des sommets.

Rufula. — D'un rouge plus ou moins foncé, passant au fauve.

Aurantiaca. — D'un beau rouge orangé, un peu plus pâle au voisinage des sommets.

Violacea. — D'un violet plus ou moins foncé, souvent avec des zones concentriques.

Albida. — Presque complètement blanche sur les deux valves.

Zonata. — De toutes nuances, avec deux ou trois zones concentriques plus colorées, à bords confus, visibles également à l'intérieur.

Marmorea. — De toutes nuances, mais surtout de nuances assez pâles, avec des marbrures plus foncées, à bords souvent un peu confus.

Maculata. — De toutes nuances avec des maculatures grisâtres ou plus foncées que le reste du test, ordinairement à bords confus.

Punctata. — De toutes nuances avec de fines ponctulatures beaucoup plus claires ou même blanches.

Rapports et différences. — Le *Pecten multistriatus* est très voisin du *Pecten varius*. On le distinguera toujours : à sa taille plus petite ; à son galbe un peu plus étroitement allongé ; à ses lignes apico-antérieure et postérieure ordinairement plus tombantes ; à ses régions antérieure et postérieure un peu moins hautes ; à ses valves un peu moins bombées, avec le maximum de bombement un peu plus reporté dans le voisinage des sommets ; à ses costulations longitudinales beaucoup plus nombreuses, beaucoup plus inégales ; à ses imbrications proportionnellement moins hautes, plus rapprochées, plus nombreuses ; etc.

Habitat. — Commun ; sur toutes les côtes de la Méditerranée ; plus rare dans la région aquitanique, dans l'Océan.

PECTEN DISTORTUS, Da Costa.

? *Ostrea pusio (pars)*, Linné, 1758. *Syst. nat.*, édit. X, p. 698. — 1767. Édit. XII, p. 1140.
Pecten pusio (non pars auct.), Pennant, 1777. *Brit. zool.*, IV, p. 86, pl. LXI, fig. 65. — Forbes et Hanley, 1853. *Brit. Moll.*, II, p. 278, pl. L, fig. 4, 5 ; pl. LI, fig. 7. — Sowerby, 1859. *Ill. ind.*, pl. XX, fig. 1. — Jeffreys, 1863-69. *Brit. Moll.*, II, p. 51 ; V, p. 166, pl. XXII, fig. 1. — Locard, 1886. *Prodr. malac. franç.* p. 510 *(pars)*.
— *distortus*, da Costa, 1778. *Brit. conch.*, p. 148, pl. X, fig. 3 et 6.
Ostrea sinuosa, Gmelin, 1789. *Syst. nat.*, édit. XIII, p. 3319.
Pecten sinuosus. Turton, 1822. *Dithyra Brit.*, p. 210, pl. IX, fig. 1. — Brown, 1844. *Ill. conch.*, p. 73, pl. XXV, fig. 2.
Hinnites sinuosus, Deshayes, 1836. *In* de Lamarck. *Anim. sans vert.*, VII, p. 147 (note). — Sowerby, 1847. *Thes. conch.*, p. 79, pl. XX, fig. 1 à 3. — Fischer, 1886. *Man. conch.*, p. 945, pl. XVI, fig. 10.

Historique. — Sous le nom d'*Ostrea pusio*, Linné a décrit une espèce qui a pour toute diagnose ces quelques mots : *O. testa radiis 40 filiformibus uniaurita. Habitat in O. australiore.* L'auteur n'ajoute aucune référence iconographique, pas même celle de Lister (1) qui pourtant a été reconnue par tous les auteurs comme s'appliquant à une pareille espèce. Dans ces conditions, il est bien difficile, avouons-le, de distinguer spécifiquement un *Pecten*. De plus, Hanley nous apprend (2) que la dénomination de *Ostrea pusio* sert, dans la collection de Linné, de réceptacle général à toutes les valves détachées des petits *Pecten*. Nous savons bien que plus tard la plupart des auteurs anglais ont désigné sous ce même vocable cette forme océanique si particulièrement caractérisée par son irrégularité; mais comme nous l'avons établi, on a confondu sous ce même nom une autre forme méditerranéenne toute différente; nous sommes donc forcément condamné à supprimer complètement cette dénomination de *pusio*, fort incorrecte du reste au point de vue grammatical (3), qui donne lieu à une aussi fâcheuse confusion.

Sous le nom de *Pecten distortus*, Da Costa a très exactement décrit et figuré la forme qui nous occupe. C'est donc cette dénomination que nous conserverons, car elle ne prête plus à la moindre ambiguïté. C'est également la même espèce que Gmelin a décrite quelques années plus tard sous le nom d'*Ostrea sinuosa* (4). Si sa diagnose est courte, la référence qu'il donne des atlas de Lister et l'habitat *in mari Britannico* ne laissent subsister aucun doute. On remarquera qu'il a eu bien soin d'établir cette espèce, nouvelle pour lui, en dehors du *Pecten pusio* de Linné, qu'il dénature du reste de façon à confondre sous cette dénomination une multitude d'espèces de tous les pays.

Dans sa synonymie, Deshayes attribue encore à la même espèce l'*Ostrea miniata* de Born (5). Mais par son galbe comme par sa coloration il est probable qu'il faut rapporter cette coquille à une forme exotique. Du reste, l'appellation de Da Costa étant antérieure, il n'y pas lieu de s'inquiéter des droits de Born à la priorité.

Dans notre synonymie, nous avons indiqué bon nombre de figurations se rapportant au *Pecten distortus*. Malgré son polymorphisme en quelque sorte sans limite, on en trouve de bonnes représentations qui comprennent les formes les plus communes et les plus répandues de cette singulière coquille.

(1) Lister, 1678. *Anim. Angl.*, pl. V, fig. 31. — 1685. *Conch.*, pl. CLXXII, fig. 9.
(2) Hanley, 1855. *Ipsa Linn. conch.*, p. 109.
(3) *Mellus : P. pusillus*, Locard, 1886. *Prodr. malac. franç.*, p. 510.
(4) Gmelin, 1789. *Syst. nat.*, édit. XIII, 3324.
(5) Born, 1780. *Test. mus. Vind.*, p. 104, pl. VII, fig. 1.

Description. — Coquille de taille assez petite; galbe général très irrégulier, tantôt arrondi, tantôt ovalaire, longitudinalement allongé, de taille moyenne, plus ou moins comprimé, subéquilatéral, très inéquivalve. — Région antérieure presque égale à la région postérieure, mais souvent dans des plans différents; lignes apico-antérieure et postérieure d'abord droites et subégales puis ondulées ou même absolument confuses; bord inférieur plus ou moins arrondi, plus ou moins sinueux. — Sommets acuminés, peu saillants, toujours nets et distincts.— Oreilles subégales, assez larges et assez hautes, avec un sinus byssal atrophié et parfois nul.

Valves très irrégulières; valve inférieure toujours plus profonde que la valve supérieure, tantôt un peu aplatie, tantôt ostréiforme et très irrégulièment bombée; valve supérieure plate, ondulée; sur la valve supérieure et pendant le jeune âge, des costulations fines, nombreuses, au nombre de quarante environ, alternativement de grosseur inégale, très rapprochées, laissant entre elles des espaces intercostaux assez profonds et un peu plus étroits que leur épaisseur, puis devenant ensuite très irrégulières, très sinueuses ou se confondant avec la subtance amorphe; sur la valve inférieure même ornementation dans le jeune âge, puis encore plus grande irrégularité à mesure que le développement se poursuit, les côtes tantôt atrophiées, tantôt lamelliformes, tantôt subrégulières. — Intérieur lisse, surtout dans le voisinage des sommets, un peu ondulé à la périphérie, finement, mais irrégulièrement creusé sur le bord basal. — Oreilles striées et costulées comme le reste de la coquille, c'est-à-dire régulièrement ornées de côtes fines et rapprochées dans le bas âge, très irréguliè-ment disposées à mesure que l'accroissement se poursuit.

Test un peu mince, solide, subopaque, orné dans le jeune âge et sur les deux valves de petites stries longitudinales très fines, irrégulières, discontinues, réparties dans les espaces intercostaux, devenant ensuite plus fortes et plus irrégulières; sur la valve inférieure, des stries transversales à peine marquées dans le jeune âge, passant ensuite à l'état d'écailles squameuses saillantes, se confondant avec les imbrications qui sont alors moins hautes, non acuminées et transversalement subcontinues. — Coloration passant du gris pâle au roux terne plus ou moins rouge ou violacé, les deux valves sensiblement de même coloration et presque toujours polychromes. — Intérieur blanc nacré, parfois un peu teinté dans la région des sommets et à la périphérie.

Dimensions. — Hauteur, 25 à 45; largeur, 22 à 38; épaisseur, 8 à 15 millimètres.

Observations. — De tous les *Pecten*, c'est le *P. distortus* qui présente le plus grand polymorphisme; vivant presque toujours fixé, sa valve inférieure épouse souvent la forme du milieu sur lequel elle est attachée; la valve supérieure se modifie en conséquence. Nous avons vu, chez M. le Dr Daniel, une superbe collection de ces *Pecten*, et il nous serait bien difficile de les subdiviser en variétés classées d'après leur forme; les uns sont presque réguliers, d'autres absolument déformés; ceux-ci devaient vivre sur un rocher plat, ceux-là étaient attachés au fond de la valve d'une coquille morte. Il en est quelques-uns dont la valve supérieure, tout en étant plus ou moins ondulée, conserve néanmoins le faciès d'un *Pecten*, tandis que chez d'autres le dépôt testacé s'est effectué sous forme d'un dépôt grenu, amorphe, gardant à peine le contour vaguement arrondi d'un *Pecten*. Enfin chez certains individus, quoique les oreilles soient presque toutes égales, on distingue encore sur la valve supérieure la trace d'un faux sinus incomplet, atrophié, pour ainsi dire rudimentaire,

Un fait digne de remarque et qui nous est signalé par Jeffreys (1), c'est que parfois on rencontre des individus qui tout en ayant leurs coquilles adhérentes à un corps solide, conservent néanmoins un fort byssus par lequel elles sont encore attachées. Le Dr Fischer a constaté que l'animal du *Pecten distortus* n'a pas ses pieds atrophiés, quoique ceux-ci ne lui soient d'aucune utilité une fois qu'il est adulte. C'est comme on le voit une forme des plus intéressantes à étudier au point de vue des lois du transformisme.

L'adhérence n'a pas toujours lieu. Nous avons vu des *Pecten distortus* absolument libres, bien adultes, et conservant leur caractère d'irrégularité. « L'adhérence aux corps étrangers, dit M. le Dr Fischer, se fait uniquement par l'intermédiaire de la valve droite, et en général par l'oreillette antérieure ou le voisinage du bord antérieur. La valve gauche est donc libre et peut s'entr'ouvrir sans difficulté. Cette adhérence est très solide; lorsqu'on la rompt, le test apparaît lisse et blanchâtre. La valve adhérente se moule très exactement sur les corps étrangers (2). »

(1) Jeffreys, 1853. *Brit. conch.*, II, p. 53.
(2) Fischer, 1862. *In Journ. conch.*, X, p. 208.

Variétés. — D'après ce que nous venons de voir, il n'est pas trop possible d'établir pour cette espèce des variétés *ex forma*. Nous signalerons les *var. ex colore* suivantes :

Grisea. — D'un gris terne avec les sommets un peu rosés.

Rosacea. — D'un roux pâle, passant au roux ou au jaunâtre.

Rubiginosa. — D'un roux sombre, plus pâle à la périphérie.

Violacea. — D'un violet terne, un peu clair, passant au gris à la périphérie.

Albida. — Complètement blanche.

Habitat. — Commun ; sur toutes les côtes de l'Océan et de la Manche, jusqu'à l'embouchure de la Seine.

PECTEN BRUEI, Payraudeau.

Pecten Bruei, Payraudeau, 1826. *Moll. Corse*, p. 78, pl. II, fig. 10 à 14. — Sowerby, 1847. *Thes. conch.*, p. 70, pl. XX, fig. 241, 242. — Reeve, 1853. *Icon conch.*, *Pecten*, pl. XX, fig. 22. — Hidalgo, 1870. *Moll. marin.*, pl. XXXII, A, fig. 6. — Locard, 1886. *Prodr. malac. franç.*, p. 511. — Kobelt, 1887. *Prodr.*, p. 431.

— *leptogaster*, Brusina, 1866. *Contr. fauna Dalmat.*, p. 45.

Historique. — Cette espèce, trouvée pour la première fois sur les côtes de la Corse, par Payraudeau, a été très exactement décrite et figurée par lui. Elle n'a été, à notre connaissance, contestée par personne. Plusieurs auteurs en ont donné de bonnes figurations.

D'après M. le marquis de Monterosato (1), il conviendrait de réunir au *Pecten Bruei* le *P. leptogaster*, de Brusina, de la mer Adriatique, dont on n'a encore trouvé que quelques fragments. Quant à l'identification du *Pecten Bruei*, de la Méditerranée, avec certaines formes océaniques elle nous paraît au moins douteuse. Tel est aussi l'avis du marquis de Monterosato (2) ; nous croyons qu'il est prudent d'attendre encore avant de se prononcer définitivement sur pareil sujet.

Description. — Coquille de taille assez petite ; galbe général subarrondi, déprimé, très sensiblement équivalve, subéquilatéral. — Région antérieure un peu plus haute mais un peu moins développée que la région postérieure ; ligne apico-antérieure presque droite, un peu relevée, attei-

(1) M. de Monterosato, 1873. *Nuova rivista*, p. 8.

(2) M. de Monterosato, 1880. *In Bull. Soc. malac. Ital.*, VI, p. 245.

gnant sensiblement au tiers de la hauteur totale à partir des sommets; ligne apico-postérieure un peu plus allongée, ordinairement légèrement concave en son milieu; bord inférieur bien arrondi, retroussé à ses deux extrémités, à profil finement ondulé. — Sommets acuminés, peu saillants. — Oreilles inégales; les deux postérieures très petites, assez hautes, peu longues, à profil externe presque droit; les deux antérieures très allongées, celle de la valve supérieure très haute et à profil externe un peu ondulé, celle de la valve inférieure plus étroite, à profil arrondi. — Sinus byssal large et peu profond.

Valve supérieure un peu plus bombée que la valve inférieure, avec le maximum de bombement reporté au tiers de la hauteur totale à partir des sommets, lentement et progressivement atténué jusqu'à la périphérie. — Sur la valve supérieure 18 à 20 côtes longitudinales inégales, un peu obtuses au sommet, subarrondies à leur extrémité, irrégulièrement alternantes suivant la grosseur, rapprochées, laissant entre elles des espaces intercostaux assez profonds, un peu méplans, plus petits que l'épaisseur des plus grosses côtes voisines. — Sur la valve inférieure, 16 à 18 côtes nettement bifides, un peu obtuses à leur naissance, aplaties à leur extrémité, assez saillantes, laissant entre elles des espaces intercostaux un peu plus courts que la moitié de leur épaisseur. — Intérieur reproduisant la disposition ornementale de l'extérieur, devenant lisse dans la région des sommets; bord inférieur assez fortement crénelé. — Sur les oreilles, des costulations rayonnantes assez fortes, très nombreuses, subégales, ornées de saillies squameuses peu prononcées.

Test solide, un peu mince, subopaque, peu brillant, orné le long des côtes et dans les espaces intercostaux de costulations longitudinales très fines, subégales, assez rapprochées, plus accusées sur la valve supérieure que sur l'autre; stries décurrentes très fines, très rapprochées, un peu flexueuses, formant à leur passage sur les costulations de petites saillies squameuses peu saillantes, souvent obsolètes, assez étroites à la base, peu hautes. — Coloration presque la même sur les deux valves, d'un roux un peu terne, monochrome, passant du gris au jaune plus ou moins foncé. — Intérieur blanc nacré.

Dimensions. — Hauteur, 18 à 21; largeur, 18 à 20; épaisseur, 5 à 6 millimètres.

Observations. — Cette forme, peu commune, nous paraît assez constante dans son allure; pourtant, d'après les quelques échantillons que nous avons pu étudier, si son profil varie peu, sa taille et surtout le renflement de ses valves semblent assez variables. Comme l'a fait observer Payraudeau, le nombre des côtes se modifie suivant la taille des échantillons.

VARIÉTÉS. — Nous avons observé les variétés suivantes :

Leptogaster (Brusina). — D'un galbe plus arrondi et plus déprimé dans son ensemble, avec des côtes plus nombreuses et des costulations décurrentes plus accusées.

Elongata. — D'un galbe plus haut, plus effilé, avec le même nombre de côtes.

Inflata. — D'un galbe beaucoup plus renflé.

Minor. — De petite taille, avec les valves presque égales et équilatérales.

Lutea. — D'un jaune clair, un peu terne.

Fusca. — D'un roux plus ou moins foncé.

Grisea. — D'un gris terne, presque blanc en dessous.

RAPPORTS ET DIFFÉRENCES. — On ne peut rapprocher cette espèce que des *Pecten varius* et *P. multistriatus*. On la distinguera du *Pecten varius:* à sa taille beaucoup plus petite, à son galbe plus arrondi, avec les régions antérieure et postérieure plus larges, plus développées ; à sa région inférieure plus largement arrondie ; à ses côtes bifides sur la valve inférieure, et toujours irrégulièrement alternantes sur la valve supérieure ; à ses épines squameuses beaucoup moins saillantes, plus petites ; etc.

Comparé au *Pecten multistriatus*, on le distinguera : à son galbe bien moins allongé dans le sens de la hauteur ; à ses côtes de la valve supérieure beaucoup plus larges, moins nombreuses, laissant entre elles des espaces intercostaux également plus larges ; à l'ornementation de sa valve inférieure avec des côtes bifides, plus plates, plus larges ; etc.

HABITAT. — Rare; les côtes de la Provence. M. le professeur Marion, de la Faculté des sciences de Marseille, nous en a communiqué deux très bons types.

D. — Groupe du P. OPERCULARIS

Le quatrième groupe, ou groupe du *Pecten opercularis* renferme des coquilles de taille moyenne, de bombement variable, mais d'un galbe toujours arrondi, avec des côtes longitudinales nombreuses, des oreilles subégales et un sinus byssal assez bien accusé. Il ne renferme plus que deux espèces, l'une méditerranéenne et une autre commune aux deux mers.

PECTEN OPERCULARIS, Linné.

Ostrea opercularis, Linné, 1758. *Syst. nat.*, édit. X, p. 698. — 1767. Edit. XII, p. 1147.
Pecten subrufus, Pennant, 1767. *Brit. Zool.*, IV, p. 186, pl. LX, fig. 63.
— *pictus*, da Costa, 1778. *Brit. conch.*, p. 144, pl. IX, fig. 1 à 5 (*non* Sowerby) (1).
— *lineatus*, da Costa, 1778. *Brit. conch.*, p. 147, pl. X, fig. 8. — Forbes et Hanley, 1833. *Brit. Moll.* pl. LI, fig. 5 *(var.)*.— Sowerby, 1859 *Ill. index* pl. XI, fig. 6. *(var.)*. — Jeffreys, 1869. *Brit. conch.*, V, pl. XXII, fig. 3, a *(var.)*. — Locard, 1886. *Prodr. malac. franç.*, p. 509 et 609.
— *opercularis*, Chemnitz, 1784. *Conch. cab.*, VII, p. 341, pl. LXVII, fig. 646. — Sowerby, 1847. *Thes. conch.*, p. 53, pl. XVII, fig. 141 à 146. — Reeve, 1853. *Icon. conch.*, *Pecten*, pl. XV, fig. 54. — Forbes et Hanley, 1853. *Brit. Moll.*, II, p. 299, pl. L, fig. 3; pl. LIII, fig. 7. — Sowerby, 1859. *Ill. ind.*, pl. IX, fig. 5 et 7. — Jeffreys, 1863-1869. *Brit. conch.*, II, p. 59; V, p. 163, pl. XXII, fig. 3. — Hidalgo, 1870. *Moll. marin.*, pl. XXXV, A, fig. 3 et 4; pl. XXXVI, fig. 1 à 5. — Locard 1886. *Prodr. malac. franç.*, p. 508. — Kobelt, 1887. *Prodr.*, p. 435.
Ostrea dubia, Gmelin, 1789. *Syst. nat.*, édit. XIII, p. 3319.
— *elegans*, Gmelin. *Loc. cit.*, p. 3319.
— *versicolor*, Gmelin. *Loc. cit.*, p. 3319.
— *radiata*, Gmelin. *Loc. cit.*, p. 3320.
— *regia*, Gmelin. *Loc. cit.*, p. 3331.
— *sanguinea*, Poli, 1795. *Test. utr. Sicil.*, II, pl. XXVIII, fig. 7, 8.
— *lineata*, Pultney, 1799. *In Hutchin's Dorset.*, p. 26.
Pecten Audouini, Payraudeau, 1826. *Moll. Corse*, p. 77, pl. II, fig. 8-9. — Forbes et Hanley, 1853. *Brit. moll.*, pl. XLI, fig. 6. — Sowerby, 1859. *Ill. ind.*, pl. I fig. 8. — Locard, 1886. *Prodr. malac. franç.*, p. 509 et 603.
Ostrea subrufa, 1804. Donovan. *Brit. Shells*, I, pl. XII.
Pecten sanguineus, O.-G. Costa, 1829. *Test. Sic.*, p. 50 (*non* Sowerby) (2).
Chlamys opercularis. Fischer, 1886. *Man. conch.*, p. 944.

HISTORIQUE. — Il est assez surprenant de voir que Linné, pas plus dans sa dixième que dans sa douzième édition, n'indique pour cette espèce la moindre référence iconographique. Gmelin (3), un peu plus explicite, en indique pourtant cinq dont une, il est vrai, est suivie d'un

(1) *Pecten pictus*, Sowerby, 1847. *Thes. conch.*, I, p. 12, pl. XX, fig. 332 des Philippines.
(2) *Pecten sanguineus*, Sowerby. *Loc. cit.*, p. 77, pl. XIX, fig. 221, 222, des Philippines.
(3) Gmelin, 1789. *Syst. nat.*, édit. XIII, p. 3325.

point de doute. De Lamarck (1) reste à peu près dans le même esprit que Linné, puisqu'il se borne à renvoyer aux iconographies de da Costa (2), de Lister (3) et de Chemnitz (4) pour trois de ses variétés, sans indiquer la moindre figuration pour son type.

C'est à Deshayes (5) que nous devons les longues et patientes recherches synonymiques relatives à la figuration du *Pecten opercularis* chez les anciens auteurs. Il cite en effet une trentaine d'indications qui paraissent pour la plupart absolument incontestables. Et en effet, il semblait bien difficile d'admettre qu'une coquille aussi commune, aussi grande et aussi belle ait pu échapper à nos anciens iconographes. C'est donc évidemment un oubli de la part de Linné. Hanley (6), du reste, ne fait aucune remarque à cet égard.

Sous le nom de *Pecten subrufus*, Pennant a décrit et très bien figuré le *Pecten opercularis* de Linné. Il renvoie pour la synonymie à Lister (7). C'est encore cette forme avec sa même synonymie et la même indication de provenance, que Gmelin à décrite sous le nom d'*Ostrea elegans*. Donovan, sous ce nom de *Ostrea subrufa*, a admirablement figuré deux beaux *Pecten opercularis*, l'un d'un beau rouge orangé, monochrome, l'autre d'un rouge vif avec des zones grisâtres. Quant au *Pecten subrufus* de Turton, ce n'est très probablement qu'une *var. minor* de la même forme. Da Costa, conservant quelques doutes sur l'espèce désignée par Linné sous le nom d'*Ostrea opercularis*, la décrit à nouveau sous le nom de *Pecten pictus* et en donne quatre bonnes figurations colorées. Il renvoie également à un assez grand nombre d'iconographies synonymiques plus anciennes, parmi lesquelles, il cite le *Pecten subrufus* de Pennant.

Outre l'*Ostrea elegans* dont nous venons de parler, Gmelin à décrit quatre autres espèces, les *Ostrea dubia*, *versicolor*, *radiata* et *regia* que Deshayes, Reeve et quelques autres auteurs considèrent comme de simples variétés du *Pecten opercularis*. Toutes ces espèces ont un habitat inconnu. Pour Gmelin, le type du *Pecten (Ostrea) opercularis* (8) serait figuré dans les œuvres de Lister, Seba, Knorr?, Chemnitz et Schrö-

(1) Lamarck, 1819. *Anim. sans vert.*, VI, I, p. 172
(2) Da Costa, 1778. *Brit. conch.*, pl. IX, fig. 5.
(3) Lister, 1685. *Hist. conch.*, pl. CXC, fig. 25.
(4) Chemnitz, 1784. *Conch. cab.*, VII, pl. LXVII, fig. 646.
(5) Deshayes, 1836. *Anim sans vert.*, VII, p. 142.
(6) Hanley, 1855. *Ipsa Linn. conch.*, p. 185.
(7) Lister, 1678. *Anim. Angliæ*, pl. V, fig. 30.
(8) Gmelin, 1769. *Syst. nat.*, édit. XIII, p. 3325.

ter (1) Or, l'*Ostrea dubia* ne paraît être qu'une simple *var. minor* du *Pecten opercularis* assez bien figurée par Lister (2). Les *Ostrea versicolor*, *O. radiata* et *O. regia*, d'après les descriptions qui en sont données, plus encore que par les figurations si médiocres qui s'y rapportent (3), paraissent également assez voisines du *Pecten opercularis* pour que nous ne puissions pas voir à quelle autre espèce elles peuvent être rapportées.

Quant à l'*Ostrea sanguinea* de Poli, qu'il ne faut pas confondre comme il l'a fait avec l'*Ostrea sanguinea* de Linné (4), c'est exactement et incontestablement notre espèce. Pourtant une telle dénomination spécifique n'a rien de significatif, comme le fait observer l'auteur, puisqu'il a soin d'ajouter, après en avoir fait observer le polychromisme : «*unde ipsam versicolorem potius, quam sanguineam dicerimus* ». Et en effet la figure qu'il en donne n'a rien de bien rouge sanguin.

En dehors des figurations que nous venons d'indiquer, nous signalerons encore celles de Sowerby, de Reeve, de Forbes et Hanley et d'Hidalgo, qui dans leur ensemble représentent à peu près les principales variétés que peut présenter cette espèce.

Dans notre *Prodrome*, nous avons cru devoir admettre comme espèces distinctes les *Pecten Audouini*, Payraudeau, et *Pecten lineatus*, da Costa. Une nouvelle étude, basée sur des matériaux beaucoup plus complets, nous conduit aujourd'hui à considérer ces deux formes comme de simples variétés du *Pecten opercularis*. Nous établirons plus loin les caractères relatifs de ces différentes coquilles.

Description. — Coquille de grande taille; galbe général transversalement subcirculaire, déprimé, subéquivalve, subéquilatéral; région antérieure à peine un peu plus haute, mais souvent un peu moins large que la région postérieure; lignes apico-antérieure et postérieure subégales, un peu concaves dans le milieu, allongées, atteignant environ au cinquième de la hauteur totale à partir des sommets; bord inférieur bien arrondi, très retroussé à ses deux extrémités, à profil finement et régulièrement

(1) Lister, 1685. *Hist. conch.*, pl. CXC, fig. 27; pl. CXCI, fig. 28. — Seba, 1761 *Locupl. Thes. descr.*, III, pl. LXXXVII, fig. 15. — Knorr, 1764. *Vergn. Samml. Musch.*, II, pl. III, fig. 2?, fig. 3?. — Chemnitz, 1782. *Conch. cab.*, VI, pl. LXVII, fig. 646. — Schröter, 1786. *Einleit. conch.*, III, p. 317, pl. IX, fig 3.

(2) Lister, 1685. *Hist. conch.*, pl. CXLII, fig. 29.

(3) *Ostrea versicolor*, Gmelin. = Bonani, 1709. *Mus. Kirker.*, pl. II, fig. 6.
Ostrea radiata, Gmelin. = Gualtieri, 1742. *Index Test.*, pl. LXXIII, fig. 1
Ostrea regia, Gmelin. = Seba, 1761. *Locupl. Thes. descr.*, III, pl. LXXXVIII, fig. 16.

(4) Linné, 1768. *Syst. nat.*, édit. X, p. 1146 ; 1767. Edit. XII, p. 698. — Gualtieri, 1742. *Index Test.*, pl. LXXIV, fig. N.

ondulé. — Sommets acuminés, saillants. — Oreilles de la valve supérieure presque égales, longues et larges, à profil extérieur ondulé, surtout celui de la région antérieure; oreilles de la valve inférieure inégales, la postérieure symétrique et égale à celle de la valve supérieure, l'antérieure plus étroite, à profil plus arrondi; sinus byssal très large et peu profond.

Valve inférieure un peu moins bombée que la valve supérieure, avec le maximum de bombement reporté au tiers de la hauteur totale, lentement et régulièrement atténué jusqu'à la périphérie. — Sur chaque valve, de 20 à 24 côtes longitudinales un peu anguleuses au sommet, progressivement développées, arrondies à leurs extrémités, très régulièrement subégales et subéquidistantes, laissant entre elles des espaces intercostaux arrondis dans le fond, un peu plus étroits que l'épaisseur des côtes ; côtes de la valve inférieure un peu aplaties, un peu plus larges que celles de la valve supérieure, séparées par des espaces intercostaux plus étroits, et un peu méplans dans le fond. — Intérieur reproduisant l'ornementation extérieure, avec des séries alternantes de saillies méplanes ou de creux un peu arrondis nettement séparés et bordés seulement à la périphérie par un étroit cordon peu saillant, devenant lisse dans le voisinage des sommets ; bord inférieur régulièrement et profondément crénelé. — Oreilles couvertes de costulations rayonnantes assez nombreuses, inégales, un peu séparées, ornées comme le reste du test.

Test un peu mince, solide, subopaque, portant sur la valve supérieure des costulations longitudinales fines, étroites, subégales, régulières et assez régulièrement espacées, réparties aussi bien sur les côtes que dans les espaces intercostaux, dont une un peu plus grosse exactement au milieu de chaque côte, toutes recouvertes d'imbrications squameuses un peu saillantes, petites, peu longues, plus ou moins larges, très rapprochées ; stries décurrentes très fines, un peu ondulées, se confondant avec l'origine des imbrications à leur passage au-dessus des côtes. — Coloration très variée, toujours plus accusée sur la valve supérieure que sur la valve inférieure, le plus souvent dans des tons roses ou blancs, passant au rouge, à l'orangé, au jaune, soit monochromes, soit diversement teintés dans la même gamme, parfois maculés de rouge, de rose ou de blanc. — Intérieur blanc nacré, parfois un peu teinté en fauve ou en rose au voisinage des sommets.

Dimensions. — Hauteur, 40 à 70 ; largeur, 42 à 74 ; épaisseur, 14 à 15 millimètres.

Observations. — Le mode d'ornementation de cette espèce paraît au premier abord très variable ; mais lorsqu'on l'étudie sur un grand nombre d'individus on arrive à reconnaître qu'il est en somme toujours le même et qu'il varie plus encore suivant les individus que suivant leur habitat. C'est après avoir étudié à la loupe plus d'une centaine d'échantillons de toutes provenances que nous sommes arrivé à la conclusion que les *Pecten Audouini* et *P. lineatus* n'étaient absolument que de simples variétés d'un type unique, le *Pecten opercularis*.

Les grosses côtes varient quant au nombre ; mais elles ont toujours le même port, la même allure, avec cette seule différence qu'elles peuvent être couvertes de costulations longitudinales non pas plus ou moins fortes, mais séparées par de petits sillons plus ou moins profonds. Il existe toujours une costulation exactement au milieu de la côte ; et suivant que cette costulation est plus ou moins saillante, la coquille change un peu de faciès, les côtes paraissant plus anguleuses. Chez le *Pecten Audouini*, cette petite costulation médiane est plus accusée que chez l'ancien *Pecten opercularis*. Chez le *Pecten lineatus*, c'est cette même costulation qui est colorée en rouge alors que le reste de la coquille est complètement blanc.

Les autres costulations, comme nous l'avons vu, sont plus ou moins saillantes; mais il n'existe pas, à proprement parler, de *Pecten opercularis* sur la valve supérieure duquel on ne puisse distinguer à la loupe ces costulations. En général elles sont plus fortes chez les individus de la Méditerranée que chez ceux de la Manche; c'est pourquoi nous les voyons apparaître plus nettement chez le *Pecten Audouini* que chez le *Pecten lineatus*. Ce sont les stries transversales qui complètent l'ornementation. Parfois elles sont réduites à l'état de saillies à peine squameuses, ondulées, repassant sur tout le test et formant sur les petites costulations de simples saillies. C'est ce que l'on observe chez le *Pecten lineatus* et chez l'ancien *Pecten opercularis*. Mais elles peuvent se développer davantage, surtout à leur passage par-dessus les côtes ; celles-ci alors deviennent plus ou moins squameuses ; et si ces squames sont un peu larges et un peu saillantes, on obtiendra une ornementation dans laquelle les squames paraissent continues transversalement, ce qui donne une nouvelle physionomie au test.

Enfin, il arrive parfois que ces squames sont discontinues; elles se manifestent presque uniquement sur les costulations, tandis que, dans les espaces intercostaux, il n'existe plus qu'une simple strie. Alors la squame se développe en hauteur au lieu de se développer en largeur, et les costulations affectent le faciès particulier qui semblait caractériser spécialement le *Pecten Audouini*.

Philippi avait parfaitement compris ces différentes manières d'être des côtes du *Pecten opercularis*. Il avait basé sur ce mode d'ornementation quatre variétés distinctes :

1° *Costis angulatis, squamis elevatis scabris, lateribus squamis fornicatis densis tecta, interstitiis transverse lamelloso-striatis*. Il rapporte à cette première variété l'*Ostrea sanguinea*, de Poli, et cependant c'est là une disposition qui se trouve aussi fréquemment dans l'Océan que dans la Méditerranée (1).

2° *Costis subangulatis, squamis elevatis, per triplicem ordinem longitudinalem in costis dispositis*. C'est le type du *Pecten Audouini*, quoique les costulations longitudinales soient en nombre variable, de trois à cinq de chaque côté de la costulation médiane, celle-ci étant presque toujours un peu plus forte.

3° *Costis rotundatis undatis, squamis minimis per plures series longitudinales in costis et eorum interstitiis dispositis* (2). C'est une disposition intermédiaire entre le véritable *Pecten Audouini* et l'ancien *Pecten opercularis ;* on la trouve presque partout.

4° *Detrita, costis rotundatis undatis, lineis longitudinalibus subobsoletis lineis transversis regularibus eleganter flexuosis* (3). C'est la forme la plus simple, la moins ornementée ; c'est particulièrement celle du *Pecten lineatus*, avec l'arête du milieu de la côte ornée d'une ligne brune ; mais parfois encore on distingue très nettement sur les grosses côtes les petites costulations longitudinales.

En résumé, toutes ces manières d'être du test s'enchaînent de telle sorte que les différents états que nous venons de décrire se relient entre eux par des intermédiaires continus. Ajoutons que nous avons reçu de Cherbourg des individus absolument ornés comme le véritable type du *Pecten Audouini* de Payraudeau, et qu'il existe des *Pecten lineatus* portant des costulations presque aussi saillantes.

Le galbe chez cette espèce est assez variable. La forme la plus commune est toujours un peu plus large que haute ; il existe par contre des individus absolument circulaires, tracés au compas. Nous avons eu entre

(1) Philippi. 1836. *Enum. Moll. Sicil.*, I, p. 83, pl. VI, fig. 2, *c*.
(2) Philippi. *Loc. cit.*, pl. VI, fig. 2, *a*.
(3) Philippi. *Loc. cit.*, pl. VI, fig. 2, *b*.

les mains le type du *Pecten Audouini* de Payraudeau, soigneusement collé sur un carton, au Muséum de Paris, à côté d'un *Pecten opercularis* de même taille, mais à peine transversal. Ce type, comme le dit Payraudeau, est en effet fortement transverse; il mesure 42 de hauteur pour 48 de largeur; mais il faut avouer que l'individu est anormal, et que ses valves sont irrégulièrement bombées. Or, nous possédons des *Pecten opercularis* types, presque aussi transverses, et des *Pecten Audouini* à côtes très fortement squameuses qui sont presque exactement circulaires.

Enfin nous constaterons également d'assez grandes variations dans le mode de bombement des valves ; chez quelques individus, assez rares du reste, et alors presque circulaires, les deux valves sont à peu près égales ; chez d'autres, la valve supérieure est au moins deux fois plus bombée que la valve inférieure.

Quant à la coloration, elle est extrêmement variable ; il est même fort difficile d'établir des variétés *ex colore* bien définies par suite du polychromisme que la même valve peut affecter; mais on remarquera ce mode tout particulier de la répartition de la matière colorante chez le *Pecten lineatus*. Là, sur la valve supérieure, la crête de chaque côte seule est colorée; mais on trouve des individus chez lesquels la matière colorante est en quelque sorte extravasée; alors il existe non seulement la ligne colorée si caractéristique, mais encore toute une partie de la coquille au voisinage des sommets affecte cette même coloration. Parfois aussi dans la région basale, la couleur s'étend sur la côte presque tout entière, mais sans atteindre cependant complètement le fond des espaces intercostaux.

VARIÉTÉS. — D'après ce que nous venons de voir, nous établirons les *var. ex forma* et *ex colore* suivantes :

Depressa. — Les deux valves presque aussi bombées l'une que l'autre, galbe presque circulaire.

Inflata. — La valve supérieure beaucoup plus bombée que la valve inférieure (1).

Transversa, Clément. — Avec la région postérieure notablement plus développée que la région antérieure (2).

(1) C'est probablement la var. *tumida*, de Jeffreys. *Shell more swollen and deeper* (*Brit. conch.*, II, p. 60).

(2) En dehors du type du *Pecten Audouini* de Payraudeau qui est anormalement transversal, il existe réellement une forme *transverse* déjà signalée par M. C. Clément (1875. *Cat Moll. Gard*, p. 25).

Elongata (Jeffreys). — D'un galbe moins nettement transverse (1).

Audouini (Payraudeau). — Avec les costulations longitudinales plus accusées, couvertes de petites saillies squameuses plus hautes que larges.

Squamosa. — Avec les costulations longitudinales assez saillantes, et tout le test recouvert de saillies squameuses plus larges que hautes.

Undulata. — Avec les costulations longitudinales plus saillantes et les stries décurrentes réduites à l'état de simples linéoles.

Rosea. — D'un rose pâle monochrome, la valve inférieure presque blanche.

Sanguinea, Scacchi (2). — D'un rouge plus ou moins vif, monochrome.

Violacea, Scacchi. — D'un rouge violacé, rarement uniforme, plus teinté vers les sommets qu'à la périphérie, avec des zones concentriques plus foncées.

Lutea, Scacchi. — D'un beau jaune vif, presque le même sur les deux valves.

Albida. — Les deux valves complètement blanches.

Radiata. — D'un rouge plus ou moins vif, avec des rayons beaucoup plus clairs, bien tranchés, assez larges, souvent marbrés.

Bicolor. — De deux nuances bien tranchées, à bords bien définis : rose et rouge foncé ; jaune et noir ; blanc et rouge ; rose et violet ; etc.

Zonata. — De toutes nuances, avec des zones concentriques plus foncées, à bords un peu confus (3).

Lineata, da Costa. — Les deux valves blanches, et sur la valve supérieure des linéoles rouge-brique sur la costulation médiane de chaque côte.

Marmorea. — De toutes nuances, avec des marbrures blanches, roses, rouges ou brunes, assez larges, à bords bien limités.

Maculata. — De toutes nuances, avec des taches blanches, roses, rouges ou brunes, plus ou moins grandes, à bords confus.

Rapports et différences. — Avec son mode d'ornementation si caractéristique, ses nombreuses côtes, son galbe, etc., cette espèce ne peut être confondue avec aucune autre des groupes qui précèdent.

(1) Cette disposition s'observe plus particulièrement chez les jeunes individus.

(2) Scacchi, 1836. *Cat. reg. Neap.*, p. 4.

(3) Cette variété comprend les deux variétés *albo-variegata*, d'un brun rougeâtre avec des zones ou des points blancs, et *rubro-variegata*, blanchâtre avec des zones irrégulières, d'un jaune vineux, plus ou moins foncé, de M. C. Clément (1875. *Cat. Moll. Gard*, p. 23.).

HABITAT. — Commun ; sur toutes nos côtes. La *var. lineata* ne paraît vivre que dans la Manche et beaucoup plus rarement dans la Méditerranée. La *var. Audouini* est plus commune dans la Méditerranée que dans l'Océan.

PECTEN COMMUTATUS, de Monterosato.

Pecten gibbus (*non* de Lamck.), Philippi, 1836. *Enum. Moll. Sicil.*, I, p. 83. — 1844. *Loc. cit.*, II, p. 57.

— *Philippii* (*non* Michelotti), Recluz, 1853. *In Journ. conch.*, IV, p. 52, pl. II, fig. 15. — Hidalgo, 1870. *Moll. marin.*, pl. XXXII, fig. 2. — Kobelt, 1887. *Prodr.*, p. 436.

— *commutatus*, de Monterosato, 1875. *Poche note conch. medit.*, p. 6. — Locard, 1886. *Prodr. malac. franç.*, p. 511.

HISTORIQUE. — En 1836, Philippi signalait pour la première fois une forme de *Pecten* qu'il décrivit sous le nom de *Pecten gibbus*, Lamarck. Après avoir reproduit à peu près la diagnose de Lamarck (1), il renvoyait aux principales figurations citées par cet auteur. En 1844, tout en conservant cette même appellation scientifique, il faisait suivre le nom de Lamarck d'un point de doute et discutait longuement sa synonymie.

Plus tard, en 1853, Recluz a décrit sous le nom de *Pecten Philippii* une forme de Sicile qui parut à Petit de la Saussaye (2) être la même que celle précédemment indiquée par Philippi. Mais comme ce nom avait été déjà donné par Michelotti (3) à une espèce fossile, M. le marquis de Monterosato proposa de substituer à l'espèce de Recluz le nom de *Pecten commutatus*. Tel est en quelques mots l'historique de cette espèce.

A l'époque où cette forme fut signalée par Philippi, elle passait pour rare ; on comprend l'erreur qu'il a pu commettre en comparant sa coquille avec le *Pecten gibbus*, car au fond ces deux formes ont une certaine analogie de galbe et surtout de coloration. Recluz nous avoue qu'il a décrit son *Pecten Philippii* type et variété sur deux individus seulement de la collection Petit de la Saussaye, provenant des côtes de la Sicile. Aujourd'hui, cette espèce, sans être commune est beaucoup plus répandue dans les collections ; son habitat paraît s'étendre dans presque toute la Méditerranée. Nous en avons étudié pour notre part une bonne vingtaine d'échantillons de différentes provenances.

(1) De Lamarck, 1819. *Anim. sans vert.*, VI, I, p. 177. — 1836. Edit. Deshayes, VII, p. 152.

(2) Petit de la Saussaye, 1853. *In Journ. conch.*, IV, p. 53 (note). — 1869. *Cat. moll. test. Europe*, p. 79.

(3) Michelotti, 1839. *In Ann. sc. Regio Lombardo-Veneto*, p. 11, nº 7.

Quoique l'on ne soit pas édifié d'une façon absolue au sujet de l'*Ostrea gibba* de Linné (1), il est au moins très probable que cette espèce, tout en étant voisine du *Pecten commutatus*, en diffère par plus d'un point. Elles vivent dans des milieux absolument différents. Nous ne saurions partager la manière de voir de Weinkauff (2), qui pense que l'on peut réunir à notre espèce non seulement quelques-unes des formes décrites et figurées par Reeve (3) et Sowerby (4), sous le nom de *Pecten gibbus*, et qui vivent en Amérique, mais encore l'*Ostrea turgida* de Gmelin (5). Une simple inspection des figures relevées chez ces différents auteurs suffit pour démontrer que si ces espèces appartiennent au même groupe, elles sont certainement spécifiquement distinctes. La coloration et le mode d'ornementation leur donnent un air de parenté incontestable ; mais lorsqu'on les étudie en détail, on voit bien vite qu'elles constituent des espèces parfaitement distinctes.

Description. — Coquille de taille assez petite ; galbe général arrondi, très globuleux, inéquivalve, subéquilatéral. — Région antérieure à peine un peu plus haute et un peu moins large que la région postérieure ; ligne apico-antérieure droite un peu plus courte que la ligne apico-postérieure ; celle-ci moins tombante et légèrement concave en son milieu, atteignant aux deux cinquièmes de la hauteur totale ; bord inférieur bien arrondi, à profil finement ondulé. — Sommets anguleux, très saillants, très renflés. — Oreilles inégales : les deux postérieures assez étroites, un peu hautes, à profil externe très oblique ; les antérieures inégales, allongées, à profil extérieur ondulé, celle de la valve inférieure assez haute ; sinus byssal assez profond, mais peu large.

Valve supérieure un peu moins bombée que la valve inférieure, avec le maximum de bombement sensiblement situé au tiers supérieur, à partir des sommets, très lentement et régulièrement atténué jusqu'à la périphérie ; sur chaque valve, de 18 à 22 côtes fines et très peu saillantes à leur origine, grosses, saillantes, élargies, un peu méplanes, très régulières, très régulièrement espacées à leur extrémité, tantôt simples, tantôt constituées par un faisceau de trois à cinq petites

(1) *Ostrea gibba*, Linné, 1758. *Syst. nat.*, édit. X, p. 698. — 1767. Edit. XII, p. 1147. — Hanley, 1855. *Ipsa Lin. conch.*, p. 111.
(2) Weinkauff. 1866. *Conch. Mittelm.*, p. 251.
(3) Reeve, 1853. *Icon. conch.*, *Pecten*, pl. XI, fig. 35.
(4) Sowerby, 1847. *Thes. conch.*, *Pecten*, p. 53, pl. XII, fig. 1, 2, 17 ; pl. XIV, fig. 76.
(5) Gmelin, 1769. *Syst. nat.*, édit. XIII, p. 3327.

côtes très rapprochées, séparées par un sillon peu profond ; espaces intercostaux arrondis, profonds, plus petits que l'épaisseur des côtes, sans aucune trace de costulations longitudinales. — Intérieur orné à la périphérie seulement de saillies méplanes, à bords bien tranchés, alternant avec des creux étroits et peu profonds; région des sommets lisse ; bord basal fortement et profondément crénelé. — Sur les oreilles des costulations rayonnantes, simples, très rapprochées, imbriquées.

Test solide, un peu épais, subopaque, orné de stries décurrentes assez fortes, recouvrant sur la valve inférieure toutes les côtes, visibles surtout dans les espaces intercostaux et entre les petites costulations, formant par leurs saillies un réseau imbriqué rugueux et à lamelles relevées, régulièrement espacées, très rapprochées, moins accusées sur la valve supérieure, persistant dans les espaces intercostaux, mais très prononcées sur les côtes lorsque celles-ci ne sont pas divisées en faisceaux. — Coloration à fond d'un blanc grisâtre ou jaunâtre, marbré ou maculé de rose, de rouge ou de brun plus ou moins foncé, la valve inférieure souvent plus pâle que la valve supérieure. — Intérieur nacré, tantôt blanc, tantôt teinté et zoné de roux plus ou moins foncé.

Dimensions. — Hauteur, 24 à 26; largeur, 24 à 27, épaisseur, 12 à 16 millimètres.

Observations. — Notre description diffère un peu de celle de Philippi et de Recluz ; ayant eu à notre disposition un beaucoup plus grand nombre d'échantillons que ces auteurs, nous avons forcément dû généraliser davantage. Ainsi, d'après nos dimensions, on voit que la coquille est encore plus globuleuse, plus renflée que ne le suppose Recluz (1) ; en outre, elle est souvent plus large que haute. Il existe en effet chez cette coquille un polymorphisme assez analogue à celui que l'on constate chez les formes précédentes dont le galbe passe de la régularité du *Pecten opercularis* type à profil bien arrondi au *Pecten Audouini* Payraudeau, au galbe beaucoup plus transverse.

L'allure des côtes est également à noter ; le nombre en est assez variable ; en général, plus la forme est globuleuse, plus le nombre des côtes est grand ; nous en comptons facilement jusqu'à 22 chez nos individus les plus renflés. On constate également que moins il y a de côtes, plus elles

(1) Les dimensions données par Recluz sont : haut., 24; long., 23; épaiss., 11 à 12 millim.

ont une tendance à se diviser en faisceaux. Ce dernier faciès n'est point dû, comme on peut le supposer, à un simple état de fraîcheur de la coquille ou à une question d'âge. C'est bien une manière d'être individuelle nous avons vu en effet des individus de même taille, de même provenance, dons les uns avaient les côtes presque lisses et les autres profondément découpées.

Variétés. — Nous avons observé les *var. ex forma* et *ex colore* suivantes :

Globulosa. — Galbe très globuleux, très renflé, presque équivalve.

Depressa. — Galbe très déprimé, surtout la valve inférieure.

Transversa. — Coquille bien inéquilatérale, la région antérieure notablement plus développée que la région postérieure.

Lævigata, Recluz. — Avec les côtes lisses, et les espaces intercostaux seuls striés transversalement.

Bicolor. — La valve inférieure presque blanche ou grisâtre, sans taches ni maculatures ; la valve supérieure bien colorée par des marbrures ou des maculatures.

Rosea. — Les deux valves blanches ou grises avec des maculatures roses.

Rubiginosa. — Les deux valves avec des maculatures d'un brun foncé, souvent marbrées.

Luteola. — D'un jaune pâle, un peu terne, avee quelques maculatures rousses.

Grisea. — D'un gris pâle, un peu roux, monochrome.

Rapports et différences. — Par sa taille et surtout par son galbe court, très renflé, cette espèce ne peut être confondue avec aucune de celles que nous avons citées jusqu'à présent. Dans son jeune âge nous l'avons vue parfois confondue avec le *Pecten opercularis*. On la séparera de cette dernière espèce : à son galbe plus renflé, quoique dans le jeune âge il soit proportionnellement moins globuleux que lorsqu'il est adulte ; à ses côtes un peu plus larges et plus arrondies ; à ses espaces intercostaux plus étroits, plus profonds ; à ses oreilles plus petites et plus inégales ; à ses sommets plus acuminés, plus saillants ; etc.

Habitat. — Peu commun ; zone des Laminaires, sur les côtes de Provence.

E. — Groupe du P. DISTANS

Le cinquième groupe ou groupe du *Pecten distans* ne contient que des espèces méditerranéennes, d'un galbe arrondi, plus ou moins renflé, subéquivalve, orné de côtes grosses et fortes, toujours subégales, au nombre de 10 à 12, avec des costulations longitudinales plus ou moins marquées; oreilles grandes, subégales; sinus byssal assez accusé; nous comptons dans ce groupe quatre espèces.

PECTEN DISTANS, de Lamarck

Pecten distans, de Lamarck, 1819. *Anim. sans vert.*, VI, I, p. 169. — 1836. Edit. Deshayes, VII, p. 139.— Sowerby, 1847. *Thes. conch.*, *Pecten*, p. 61, pl. XXVIII, fig. 182. — Reeve, 1853. *Icon. conch.*, *Pecten*, pl. XIII, fig. 50.

— *glaber (non Linné)*. — Chenu, 1862. *Man. conch.*, II, p. 184, fig. 93. — Weinkauff, 1867. *Conch. mittelm.*, I, p. 255. — Petit de la Saussaye, 1869. *Cat. Moll. test.*, p. 77.

Historique. — De tous les *Pecten* de ce groupe, le *Pecten distans* représente la forme la plus simple, la plus régulière et la plus constante; c'est pour cette raison que nous l'avons prise comme type de groupe. Elle est caractérisée par la présence de dix côtes grosses, épaisses, bien égales, toujours régulièrement distantes. Comme l'indique son auteur, elle est bien représentée dans les atlas de Gualtieri (1) et de Knorr (2). Ajoutons-y les figurations de Sowerby, de Reeve, et plus particulièrement celle du Dr Chenu, et l'on verra que cette forme est suffisamment figurée. Peut-être aussi faudrait-il joindre à cette liste une des figures indiquées par M. Hidalgo sous le nom de *Pecten sulcatus* (3); mais conservant quelques doutes à cet égard, nous préférons nous abstenir. Reste à donner une description un peu complète et à signaler les variétés.

Cette espèce a été bien mal comprise par la plupart des auteurs qui, croyant devoir se contenter de la courte diagnose de Lamarck, ne se sont pas donné la peine d'en étudier le type. Il existe actuellement, dans la collection du musée de Genève, deux échantillons étiquetés de la main de Lamarck. Deux autres tout aussi typiques et absolument conformes se trouvent dans les collections du Muséum de Paris, avec une

(1) Gualtieri, 1742. *Index test.*, pl. LXXIV, fig. A, B.
(2) Knorr, 1764. *Vergn. Samml. Musch.*, II, pl. XVIII, fig. 5.
(3) Hidalgo, 1870. *Molluscos marinos*, pl. XXXIII, fig. 5.

inscription également écrite par de Lamarck. Ces échantillons types ne diffèrent que par des questions d'ornementation. C'est d'après eux que nous donnerons notre description.

Quant à vouloir prétendre réunir le *Pecten distans* au *Pecten glaber*, comme l'ont proposé E. von Martens (1) et Weinkauff (2), et comme l'ont fait après eux d'autres auteurs, c'est tellement absurde qu'il ne vaut même pas la peine de discuter une aussi étrange assertion. Nous aimons à croire que la bonne foi de ces auteurs a été surprise et qu'il n'ont jamais eu de bons types sous les yeux.

Peut-être conviendrait-il de joindre à cette synonymie l'*Ostrea maculata* de Born. Dans ce cas, le nom de *Pecten distans* devrait céder le pas à celui de *Pecten maculatus*, Born (3); mais nous conservons trop de doutes sur cette identification, tandis que nous sommes absolument certain de la valeur de la spécification de de Lamarck. On remarquera que tous les deux renvoient à la même figuration de Knorr (4); mais, en outre, Born donne comme référence un dessin de Regenfuss (5) qui, pour de Lamarck, serait son *Pecten griseus*, et qu'en outre de Lamarck ajoute à la synonymie de Knorr celle de Gualtieri (6), dont Born ne fait pas mention.

Description. — Coquille de taille assez forte; galbe général arrondi, transversalement un peu élargi, peu renflé, subéquivalve, subéquilatéral. — Région antérieure à peine un peu plus haute que la région postérieure; lignes apico-antérieure et postérieure très légèrement concaves, presque égales, atteignant environ au tiers de la hauteur totale; bord inférieur largement arrondi, bien relevé sur les côtés, à profil ondulé. — Oreilles subégales, grandes, larges et hautes, à profil externe ondulé; sinus byssal peu large et peu profond. — Sommet anguleux, peu saillant.

Valve supérieure un peu moins bombée que la valve inférieure, toutes deux régulièrement renflées, avec le maximum de bombement situé aux deux cinquièmes de la hauteur totale à partir des sommets, lentement et progressivement atténué jusqu'à la périphérie; sur la valve supérieure, dix côtes grosses, fortes, un peu anguleuses à leur naissance, sub-

(1) E. von Martens, 1858. *In Malak. Blätter*, p. 65.
(2) Weinkauff, 1867. *Conch. Miltelm.*, I, p. 255.
(3) *Ostrea maculata*, Born, 1780. *Test. mus. Cæs. Vind.*, p. 105.
(4) Knorr, 1764. *Vergn. Samml. Musch.*, II, pl. VVIII, fig. 5.
(5) Regenfuss, 1764. *Auserl. Schneck. Musch.*, pl. III. fig. 30 et 31.
(6) Gualtieri, 1742. *Ind. test. conch.*, pl. LXXIV, fig. A, B.

arrondies à leur extrémité, les deux extrêmes peu développées, toutes très régulièrement espacées, laissant entre elles des espaces intercostaux un peu méplans, assez profonds, à peine un peu plus étroits que l'épaisseur des côtes ; sur la valve inférieure onze côtes assez fortes, anguleuses à leur naissance, un peu aplaties à leur extrémité, les deux extrêmes assez grosses, toutes régulièrement espacées, laissant entre elles des espaces intercostaux assez profonds, méplans, sensiblement égaux à l'épaisseur des côtes. — Intérieur ondulé, avec des séries régulièrement alternantes de saillies et de méplans à bords nettement définis surtout dans la région basale, devenant presque lisse dans le voisinage des sommets ; bord interne largement et profondément crénelé. — Oreilles ornées de costulations rayonnantes fines, subégales, rapprochées, un peu ondulées, la plus supérieure très grosse et bien arrondie.

Test un peu mince, solide, subopaque, orné sur les deux valves de stries longitudinales fines, régulières, rapprochées, régulièrement espacées, et de stries transversales peu saillantes, assez distantes, recoupant les stries longitudinales sous forme de petites saillies peu proéminentes. — Coloration très variable ; valve inférieure toujours beaucoup moins colorée et ornementée que la valve supérieure, le plus souvent d'un blanc grisâtre ou jaunâtre monochrome ; valve supérieure rarement monochrome, ordinairement d'un gris jaunâtre passant au brun plus ou moins foncé, avec des zones concentriques, des marbrures ou des maculatures blanches, fauves ou brunes. — Intérieur nacré, participant un peu de la coloration de l'extérieur, la valve supérieure teintée à la périphérie, et toutes deux dans le voisinage des sommets.

Dimensions. — Hauteur, 40 à 60 ; largeur, 40 à 62 ; épaisseur, 15 à 20 millimètres.

Observations. — Chez le *Pecten distans*, les côtes sont toujours très régulières ; c'est à peine si l'on observe quelques individus ayant 11 ou 12 côtes à la valve supérieure ; ce sont alors de véritables anomalies, toujours individuelles, résultant de la bifidité d'une ou bien plus rarement de deux côtes.

Avec l'âge, et suivant les milieux, la taille peut devenir plus grande. Dans ce cas, les côtes, tout en conservant leurs autres caractères, sont un peu plus déprimées, quoique restant toujours saillantes. Enfin, quelle que soit la taille des sujets, les stries longitudinales qui font l'office de petites costulations sont peu saillantes et très régulières. Elles sont en nombre un peu variable. Dans les types de la collection de de Lamarck, on en compte de 6 à 8 par côte, pour un individu mesurant 60 millimètres de largeur totale.

Chez cette espèce, il existe toujours de grandes différences dans la coloration des deux valves. Nous n'avons pas encore rencontré d'individus adultes dont l'extérieur des deux valves ait la même coloration, si ce n'est bien entendu des sujets albinos.

Variétés. — Le *Pecten distans* est très variable dans son ornementation ; il paraît plus régulier dans son galbe ; nous citerons les variétés suivantes :

Major. — Atteignant jusqu'à 75 millimètres de largeur (le type de Lamarck ne mesurant que 61 de largeur); chez ces grands individus le galbe tend à être un peu plus large, et les côtes sont toujours un peu plus déprimées.

Minor. — Jolie petite forme, assez répandue sur nos côtes, et dont la taille ne dépasse pas de 30 à 40 millimètres.

Undecimcostata. — Avec 11 côtes à la valve supérieure dont une bifide.

Duodecimcostata. — Avec 2 côtes bifides à la valve supérieure.

Depressa. — Avec la valve inférieure presque aussi peu bombée que la valve supérieure; la coquille est alors très sensiblement équivalve.

Elongata. — De taille moyenne, d'un galbe nettement allongé.

Inflata. — D'un galbe plus renflé, plus globuleux, inéquivalve; en général de taille assez petite.

Fusca. — D'un fauve clair, avec quelques taches brunes sur les deux valves, au voisinage des sommets.

Aurantiaca. — D'un beau jaune orangé ; ordinairement de petite taille.

Rufula. — D'un rouge plus ou moins sombre.

Violacea. — D'un violet sombre, rarement monochrome, blanchâtre ou rosé vers les sommets, souvent avec des zones colorées.

Luteola. — D'un jaune pâle, parfois un peu grisâtre ou verdâtre dans le voisinage des sommets.

Albida. — D'un blanc grisâtre, rarement monochrome ; le plus souvent avec quelques taches brunes ou fauves vers les sommets.

Atra. — Presque noire, avec des linéoles ou quelques marbrures blanches, bien tranchées, plus ou moins nombreuses.

Bicolor. — Bi teintée, de toutes nuances.

Marmorea. — De toutes nuances, mais le plus souvent d'un gris roux, ou d'un fauve plus ou moins foncé, avec des marbrures assez larges, passant du blanc au roux foncé.

Zonata. — De toutes nuances, avec des zones concentriques plus foncées, à bords mal définis.

Punctata. — De toutes nuances, avec des points blancs, assez larges, répartis surtout sur les côtés.

Hypogramma. — D'un blanc roux plus ou moins foncé avec des zigzags blanchâtres.

Rapports et différences. — Parmi les espèces des groupes qui précèdent il n'en est aucune qui puisse être confondue avec le *Pecten distans*. Nous examinerons plus loin ses caractères différentiels, avec les autres espèces du même groupe.

Habitat. — Peu commun ; sur toutes les côtes de Provence ; d'après M. Albert Granger qui a bien voulu nous en adresser un bon type, cette espèce tendrait à disparaître aux environs de Cette (1).

PECTEN GRISEUS, de Lamarck.

Pecten griseus, de Lamarck, 1819. *Anim. sans vert.*, VI, I, p. 169. — 1836. Edit. Deshayes, VIII, p. 138.

— *glaber* (*non* Linné), Sowerby, 1847. *Thes. conch.*, *Pecten*, p. 58, pl. XVIII, fig. 171, 173, 175, 176. — Sowerby, 1847. *Loc. cit.*, pl. XVIII, fig. 179.

— *sulcatus* (*non* Born), Hidalgo, 1870. *Moll. marin.*, pl. XXXIII, fig. 3 et 4.

Historique. — Le *Pecten griseus*, de Lamarck, a presque toujours été confondu soit avec le *Pecten glaber*, soit avec le *P. sulcatus*. Il suffit cependant d'examiner les diagnoses et les références de de Lamarck pour se convaincre qu'il a, au contraire, plus d'affinités avec le *Pecten distans*, tandis qu'il n'a aucun rapport avec le *Pecten glaber*. C'est du reste, comme on va le voir, une espèce parfaitement définie et facile à distinguer.

Dans son catalogue des coquilles des côtes de France (2), Petit de la Saussaye, sans parler du *Pecten distans*, avait très bien su séparer les *Pecten glaber*, *P. griseus*, *P. sulcatus* et *P. unicolor*. Il est assez surprenant de voir que quelques années plus tard, lorsqu'il passe à la faune des

(1) Albert Granger, 1879. *Cat. Moll. test.*, *Cette*, p. 25.
(2) Petit de la Saussaye, 1852 *In Journ. conch.*, II, p. 387.

mers d'Europe (1), il confond toutes ces différentes formes en une seule. Ce fâcheux exemple a été malheureusement trop souvent suivi par nombre d'auteurs français ou allemands qui ont trouvé plus simple de bloquer en une seule les différentes formes qu'ils ne connaissaient pas, plutôt que de se donner la peine de les étudier.

Description. — Coquille de taille assez petite; galbe général arrondi, assez renflé, subéquivalve, subéquilatéral. — Région antérieure à peine un peu plus haute que la région postérieure; lignes apico-antérieure et postérieure presque droites ou très légèrement concaves, subégales, atteignant environ aux deux cinquièmes de la hauteur totale; bord inférieur bien arrondi, hautement retroussé sur les côtés, à profil ondulé. — Sommets anguleux, assez saillants. — Oreilles subégales, grandes, larges et hautes, à profil externe ondulé; sinus byssal assez large, peu profond.

Valve supérieure un peu moins bombée que la valve inférieure, toutes deux régulièrement renflées, avec le maximum de bombement situé au tiers de la hauteur totale à partir des sommets, rapidement atténué jusqu'à la périphérie; sur la valve supérieure 10 à 12 côtes assez fortes, un peu hautes, bien anguleuses à leur naissance, très arrondies à leur extrémité, les deux extrêmes peu développées et rapprochées des deux avant-dernières, toutes les autres plus ou moins subégales et un peu irrégulièrement espacées, laissant entre elles des espaces intercostaux un peu profonds, arrondis, un peu plus larges que l'épaisseur des côtes; sur la valve inférieure 11 à 13 côtes assez fortes, un peu anguleuses à leur naissance, subarrondies à leur extrémité, laissant entre elles des espaces intercostaux profonds, arrondis, un peu plus étroits que l'épaisseur des côtes; sur toutes les côtes et dans les espaces intercostaux, de petites costulations longitudinales très fines, régulières, assez régulièrement espacées, d'un faciès très finement granuleux, devenant comme squameux au fond des espaces intercostaux latéraux. — Intérieur ondulé, avec des séries régulièrement alternantes de saillies et de méplans, à bords nettement définis, surtout dans la région basale, devenant presque lisse dans le voisinage des sommets; bord interne largement et très profondément crénelé. — Oreilles ornées de costulations rayonnantes fines, subégales, assez rapprochées, un peu ondulées, la plus supérieure très grosse et bien arrondie.

(1) Petit de la Saussaye, 1869. *Cat. test. mers d'Europe*, p. 77.

Test un peu mince, assez solide, subopaque, orné sur les deux valves, en outre des petites costulations longitudinales, de stries transversales extrêmement fines, un peu ondulées, très rapprochées, assez régulières, disposées entre les costulations et se confondant avec les nodosités ou saillies squameuses qui les recouvrent. — Coloration souvent peu différente entre les deux valves; valve inférieure le plus souvent monochrome, d'un grisâtre pâle passant au jaune et au brun; valve supérieure ordinairement d'un fond gris passant au jaune, au rouge et au fauve, avec des marbrures ou maculatures blanches ou brunes. — Intérieure nacré, participant de la coloration extérieure à la périphérie et au voisinage des sommets.

Dimensions. — Hauteur, 30 à 35; longueur 30 à 36; épaisseur, 12 à 16 millimètres.

Observations. — Cette forme, plus répandue sur nos côtes que la précédente, est toujours bien caractérisée par son galbe et surtout par son mode d'ornementation. Chez cette espèce, le maximum de bombement est reporté dans le voisinage des sommets et s'étend peu au delà, de telle sorte que l'atténuation s'effectue progressivement mais rapidement jusqu'à la périphérie. Chez le *Pecten distans*, le maximum de bombement est moins voisin de la région des sommets et s'étend sur une plus grande périphérie, de telle sorte que les valves ont en quelque sorte le faciès d'un verre de montre.

Les côtes sont souvent inégales et inégalement espacées; mais elle sont toujours bien arrondies et bien saillantes. Enfin les stries longitudinales passent à l'état de fines costulations; mais pour bien les comprendre il faut avoir en main des échantillons très frais et non roulés. C'est sans doute pour n'avoir pas pris ce soin, que tant de naturalistes ont confondu cette espèce avec d'autres formes plus ou moins affines. On remarquera que chez cette espèce la coloration des deux valves est beaucoup plus souvent la même que chez le *Pecten distans*, nous avons vu maintes fois des individus colorés dont la valve supérieure et la valve inférieure avaient exactement la même coloration et la même ornementation.

Variétés. — On peut rencontrer chez cette espèce à peu près les mêmes variétés *ex colore* que chez l'espèce précédente.

Minor. — De petite taille, en général chaudement colorée en jaune ou en brun, avec des marbrures ou maculatures surtout sur les côtes.

Inflata. — De petite taille, d'un galbe très renflé, toujours inéquivalve.

Depressa. — De toutes tailles, avec la valve inférieure peu renflée, presque équivalve.

Elongata. — D'un galbe un peu allongé, souvent déprimé.

Fusca. — D'un fauve pâle, le plus souvent avec des marbrures et des maculatures brunes.

Lutea. — D'un beau jaune plus ou moins vif, rarement monochrome; avec des marbrures ou des maculatures brunes.

Aurantiaca. — D'un rouge un peu terne, rarement monochrome; avec des zones plus ou moins colorées.

Rufula. — D'un roux plus ou moins foncé, souvent maculé de brun.

Grisea. — D'un gris cendré, parfois monochrome; souvent avec des marbrures ou des maculatures fauves ou brunes.

Atra. — D'un brun très foncé, presque noirâtre, souvent monochrome; parfois avec quelques marbrures blondes, grises ou jaunes.

Albida. — Complètement blanche.

Bicolor. — De toutes nuances, avec les sommets teintés en blanc ou en rose, parfois un peu violacé.

Marmorea. — De toutes nuances, avec des marbrures plus foncées ou complètement blanches.

Zonata. — De toutes nuances, avec deux ou trois zones concentriques plus teintées, à bords mal définis.

Hypogramma. — De toutes nuances, avec des zig-zags blancs, jaunes ou bruns.

Rapports et différences. — Cette espèce est assez voisine de la précédente. On la distinguera toujours : à sa taille plus petite ; à ses valves plus bombées, avec le maximum de bombement plus reporté dans la région des sommets et s'étendant moins sur les valves ; à ses côtes plus nombreuses, plus hautes, plus arrondies à leur extrémité, plus anguleuses à leur naissance, toujours moins régulièrement espacées ; à ses espaces intercostaux plus étroits, plus profonds, plus arrondis, mieux définis ; à ses stries longitudinales toujours plus fortes, passant à l'état de petites costulations, plus accusées et moins nombreuses ; aux granulations qui ornent ces costulations : au développement squameux des espaces intercostaux ; à la plus grande similitude de coloration des valves ; etc.

Habitat. — Assez commun ; sur toutes les côtes de Provence.

PECTEN SULCATUS, Born.

Ostrea sulcata, Born, 1780. *Test. mus. Cæs. Vindob.*, p. 103, pl. VI, fig. 3.
— *rustica*, Poli, 1795. *Test. utr. Sicil.*, II, p. 158, pl. XXVIII, fig. 13.
Pecten sulcatus, de Lamarck, 1819. *Anim. sans vert.*, VI, I, p. 168. — 1836. Edit. Deshayes. VII, p. 137. — Sowerby, 1847. *Thes. conch.*, *Pecten*, p. 59, pl. XVIII, fig. 180 à 181. — Reeve, 1853. *Icon. conch.*, *Pecten*, pl. XIII, fig. 50.
— *glaber* (*non* Linné), Weinkauff, 1867. *Conch. mittelm.*, I, p. 255.

Historique. — Sous le nom de *Pecten sulcatus* de Lamarck a décrit une espèce ainsi définie : *radiis 10 æqualibus, undique convexis, uti interstitiis longitudinaliter sulcatis.* Dans sa collection, au musée de Genève, cette espèce est représentée par deux exemplaires de petite taille, qui possèdent bien en effet 10 côtes, mais celles-ci, contrairement à la diagnose, sont subégales. Le reste de la coquille, et surtout la manière d'être de ses côtes, sont tellement caractéristiques qu'il convient de rapporter à ce même *Pecten sulcatus* plusieurs formes tantôt à côtes égales, tantôt à côtes subégales.

Quelques années avant de Lamarck, Born avait également décrit et figuré la même espèce sous le nom d'*Ostrea sulcata* (1). Il est assez surprenant de voir que de Lamarck n'en fait pas mention dans sa synonymie, car nous ne doutons pas de l'identité de ces deux formes, quoique le type de Born ait en réalité 12 côtes au lieu de 10. Mais comme nous l'établirons d'après l'étude d'un grand nombre d'échantillons bien caractérisés, chez cette espèce le nombre des côtes présente quelques variations.

Le savant Jeffreys (2) nous paraît avoir fait quelque confusion à propos de cette même espèce. Il donne, sous le nom de *Pecten sulcatus*, Müller, la description d'une coquille draguée sur la côte est du Shetland et qui est ornée de 32 côtes. Plus loin il croit pouvoir considérer le *Pecten 20-sulcatus* de Müller comme une variété du *Pecten sulcatus* de Lamarck. Nous ne connaissons le type de Müller et la coquille de Jeffreys que par leur description, mais nous sommes absolument convaincu que ces deux échantillons n'ont aucun rapport avec le véritable *Pecten sulcatus* de Born et de de Lamarck qui n'a jamais que 10 à 12 côtes. Dans tous les cas, si le type de Müller doit être maintenu, sa dénomination sera toujours différente de celle de Born.

(1) *Patria ignota.*
(2) Jeffreys, 1863. *British Conch.*, II, p. 64.

Il existe peu de bonnes figurations de cette espèce ; en général celles indiquées par les auteurs ne font pas assez ressortir ce caractère anguleux des côtes, avec la saillie des petites costulations. La figuration de Favannes, indiquée par Deshayes (1), est la plus exacte que nous connaissions. Celle de Born est assez bonne quoiqu'elle représente une coquille de petite taille. Sous le nom d'*Ostrea rustica*, Poli a décrit et figuré une forme qui nous paraît se rapporter assez exactement à notre espèce. Peut-être conviendrait-il également de citer une des figures de Regenfuss (2) dont Gmelin a fait son *Ostrea modesta* (3). Mais nous n'avons au sujet de cette identification aucune certitude. Dans l'atlas de M. Hidalgo (4), où se trouvent représentés de nombreux *Pecten sulcatus*, il n'y a que celle de la planche XXXIV, figure 2, qui se rapproche un peu du type de Born et de Lamarck.

Description. — Coquille de taille moyenne; galbe général arrondi, à peine un peu plus large que haut, subéquivalve, subéquilatéral. — Région antérieure à peine un peu plus haute que la région postérieure; lignes apico-antérieure et postérieure subégales, presque droites ou très légèrement concaves, atteignant environ aux deux cinquièmes de la hauteur totale ; bord inférieur largement arrondi, relevé sur les côtés, à profil un peu ondulé. — Oreilles subégales, grandes et larges, assez hautes, à profil extérieur un peu ondulé; sinus byssal assez large et profond. — Sommets très anguleux, peu saillants.

Valve supérieure à peine un peu moins bombée que la valve inférieure, toutes deux régulièrement renflées, avec le maximum de bombement situé aux trois septièmes de la hauteur totale à partir des sommets, régulièrement et assez rapidement atténué jusqu'a la périphérie; sur chaque valve, 10 à 12 côtes subarrondies, inégales, assez hautes, assez saillantes, très anguleuses, formées par un faisceau de côtes beaucoup plus petites, en nombre variant de cinq à sept et séparées par des sillons assez larges mais peu profonds; les deux côtes extrêmes assez fortes, un peu anguleuses, les autres inégales et inégalement réparties ; espaces intercostaux arrondis, assez profonds, plus étroits et moins creusés que l'épaisseur des côtes, ornés, dans le fond, de trois à cinq petites côtes un peu arron-

(1) Favannes, 1780. *Conch.*, pl. LIV, fig. L, 3.
(2) Regenfuss, 1764. *Ansel. Scheck. Musch.*, pl. V, fig. 55.
(3) Gmelin, 1789. *Syst. nat.*, édit. XIII, p. 3331.
(4) Hidalgo, 1870. *Moll. marin.*, pl. XXXIV, fig. 2.

dies, assez espacées, toujours bien saillantes. — Intérieur ondulé; les côtes représentées par des sillons arrondis très profonds à la périphérie, progressivement atténuées, puis obsolètes au voisinage des sommets; les espaces intercostaux représentés par des bandes méplanes à bords bien limités, devenant même anguleux à la périphérie; bord basal interne largement et profondément crénelé. — Oreilles ornées de côtes rayonnantes fines, subégales, rapprochées, un peu flexueuses, la plus supérieure grosse et bien arrondie.

Test solide, un peu mince, subopaque, paraissant uniquement orné de petites stries décurrentes très fines, très rapprochées, un peu saillantes, venant recouper toutes les côtes et leurs costulations, parfois squameuses dans les espaces intercostaux situés dans les régions antérieure et postérieure, ainsi que sur les oreilles. — Coloration variable, mais presque égale sur les deux valves, le plus souvent à fond grisâtre passant au brun très foncé, rarement monochrome, ordinairement avec des marbrures, des taches ou des maculatures blanches, fauves ou brunes. — Intérieur nacré, participant de la coloration extérieure.

Dimensions. — Hauteur, 20 à 35; largeur, 20 à 36; épaisseur, 6 à 14 millimètres.

Observations. — Le caractère dominant du *Pecten sulcatus* réside dans la manière d'être de son test et de ses côtes. Sur tout son test il existe de petites côtes longitudinales peu régulières, espacées, toujours bien marquées, qui donnent à toute la coquille un faciès bien déterminé. Les grosses côtes sont rarement subégales; dans le nombre il en est presque toujours une ou deux qui sont normalement plus petites que les autres; assez souvent, il en est de bifides. Enfin, chez cette espèce, les stries décurrentes sont toujours bien marquées et plus particulièrement saillantes dans les espaces intercostaux, entre les petites costulations. Pour cette espèce la coloration tend à être la même sur les deux valves. Pour quelques individus de taille un peu forte et de teinte très foncée, elle est absolument la même sur chaque valve.

Variétés. — Nous ne trouvons sur les côtes de France que des individus de taille assez petite; mais dans son ensemble cette espèce présente les variétés suivantes (1) :

(1) M. le marquis de Gregorio (1884-85. *Studi su talune conch. medit. viv. e foss.*, p. 75) a déjà signalé pour les formes fossiles du terrain tertiaire supérieur de l'Italie, les trois variétés : *præsulcatus*, *smalinus*, et *propeticus*.

Major. — De grande taille, dépassant 35 millimètres de hauteur.

Minor. — De taille assez forte, d'un galbe renflé, plus inéquivalve.

Depressa. — De toutes tailles, d'un galbe moins renflé, les deux valves presque égales.

Inflata. — De toutes tailles, avec les deux valves très renflées, très bombées, mais cependant inéquivalves.

Grisea. — D'un gris plus ou moins foncé ; le plus souvent tacheté ou maculé de brun et de blanc.

Lutea. — D'un beau jaune clair, tacheté ou maculé de brun rougeâtre.

Brunea. — D'un brun sombre, tacheté ou maculé de jaune.

Subnigra. — Presque noirâtre, avec les sommets un peu rougeâtres.

Marmorea. — De toutes nuances, mais surtout de nuance foncée avec des marbrures beaucoup plus claires.

Hypogramma. — D'un gris ou d'un brun foncé, avec des zigzags blancs.

Rapports et différences. — Comparé aux *Pecten distans* et *P. griseus* le *Pecten sulcatus* se distinguera toujours : à ses côtes longitudinales plus saillantes, plus anguleuses, plus découpées, moins régulièrement réparties, souvent bifides et inégales ; à ses costulations longitudinales moins nombreuses, plus profondément découpées et plus espacées ; à son test plus rugueux ; à ses stries décurrentes plus fortes, plus squameuses, à son intérieur plus profondément ondulé ; à ses valves plus également colorées ; etc. Sa taille est toujours plus petite que celle du *Pecten distans*, et son mode de renflement participe davantage de celui du *Pecten griseus*.

Habitat. — Peu commun ; sur toutes les côtes de la Méditerranée.

PECTEN UNICOLOR, de Lamarck.

Pecten unicolor, de Lamarck, 1819. *Anim. sans vert.*, VI, I, p. 169. — 1836. Edit. Deshayes, VII, p. 138. — Sowerby, 1847. *Thes. conch.*, *Pecten*, p. 59, pl. XII, fig. 5 et 6. — Reeve, 1853. *Icon. conch.*, *Pecten*, pl. V. fig. 24.

— *virgo*, de Lamarck, 1819. *Loc. cit.*, VI, I, p. 168. — 1836. Edit. Deshayes, VII, p. 138.

— *aurantius*, Sowerby, 1820. *Genera of Shells*, fig. 5.

— *glaber* (*non* Linné), Weinkauff, 1867. *Conch. mittelm.*, I, p. 251.

Historique. — Très peu d'auteurs ont compris cette espèce ; presque tous se sont figuré qu'elle était simplement basée sur une question de coloration. Après une étude des types originaux de de Lamarck, nous pouvons affirmer que le *Pecten unicolor* constitue une bonne espèce, parfaitement caractérisée et qui doit prendre place entre le *Pecten distans* et le *Pecten glaber*, mais tout en conservant plus d'affinités pour la première de ces deux coquilles.

De Lamarck a cité pour cette espèces deux figurations qui la représentent exactement: l'une dans Regenfuss (1), l'autre dans Knorr (2). Nous indiquerons également les figures données par Reeve et surtout celles du *Thesaurus* de Sowerby.

D'après un examen des types de la collection de Lamarck, nous sommes conduit à réunir au *Pecten unicolor*, le *Pecten virgo* du même auteur. Cette espèce n'est représentée dans sa collection que par un seul exemplaire ; c'est évidemment un individu roulé, usé, du *Pecten unicolor*, de coloration blanche, avec des taches rosées sur les côtes ; c'est parce que l'usure du test laisse à peine apercevoir les costulations longitudinales dans les espaces intercostaux que de Lamarck donne cette coquille avec le caractère «*interstitiis glabris*» (3).

Sous les noms d'*Ostrea aurantia* et *O. citrina*, Gmelin (4) et Poli (5) ont décrit chacun une coquille qui peut-être n'est autre chose que l'espèce qui nous occupe. Pourtant Gmelin renvoie comme référence à une figuration de Regenfuss (6) qui peut s'appliquer à plusieurs formes. De même l'*Ostrea citrina* peut être confondu soit avec le *Pecten distans*, soit avec le *P. unicolor*. En l'absence de toutes certitude, nous estimons qu'il vaut mieux s'en tenir au type de de Lamarck, à l'égard duquel il n'existe pas la moindre ambiguïté.

Description. — Coquille de taille assez forte ; galbe général arrondi, parfois un peu moins large que haut, un peu comprimé, subéquivalve, subéquilatéral. — Région antérieure sensiblement égale à la région postérieure ; lignes apico-antérieure et postérieure très légèrement concaves,

(1) Regenfuss, 1764. *Auserl. Schneck. Musch.*, pl. II, fig. 60.

(2) Knorr, 1757. *Vergn. Samml. Musch.*, I, pl. VIII, fig. 5.

(3) Payraudeau 1826, (*Cat. Moll. Corse*, p. 72) reconnait à juste titre que ces deux espèces sont très voisines : « Les trois individus que j'ai pu me procurer, malgré leur mauvais état de conservation, m'ont semblé se rapprocher infiniment du *Pecten unicolor;* ils n'en différaient sensiblement que par la couleur générale qui était blanchâtre, avec des taches d'un rouge pâle. »

(4) Gmelin, 1789. *Syst. nat.*, édit. XIII, p. 3321.

(5) Poli, 1795. *Test. utr. Sicil.*, II, p. 158, pl. XXVIII, fig. 15.

(6) Regenfuss, 1764. *Auserl. Schneck. Musch.*, pl.XI, fig. 56.

presque égales, atteignant environ le tiers de la hauteur totale ; bord inférieur bien arrondi, relevé sur les côtés, à profil ondulé. — Oreilles subégales, grandes, larges, hautes, à profil extérieur un peu ondulé ; sinus byssal peu large, assez profond. — Sommets anguleux peu saillants.

Valve inférieure à peine un peu plus bombée que la valve supérieure, avec le maximum de bombement reporté aux deux cinquièmes de la hauteur totale à partir des sommets, puis lentement et régulièrement atténué jusqu'à la périphérie ; sur la valve supérieure 10 à 12 côtes fortes, progressivement arrondies depuis leur naissance jusqu'à leur extrémité, peu saillantes, régulières et régulièrement espacées, les deux extrêmes comme obsolètes, laissant toutes entre elles des espaces intercostaux à peine un peu plus larges que leur épaisseur, peu profonds, largement arrondis dans le fond ; sur la valve inférieure 9 à 11 côtes arrondies à leur naissance, élargies et un peu aplaties à leur extrémité, peu saillantes, régulièrement subégales, séparées par des espaces intercostaux un peu plus étroits que leur épaisseur et peu profonds, légèrement arrondis dans le fond. — Intérieur ondulé, avec des séries régulièrement alternantes de saillies et de méplans à bords nettement définis, surtout dans la région basale, devenant lisse dans le voisinage des sommets ; bord interne largement et profondément crénelé. — Oreilles ornées de costulations rayonnantes fines, subégales, un peu ondulées, peu saillantes, assez espacées.

Test un peu mince, assez solide, subopaque, orné sur les deux valves de stries longitudinales fines, souvent émoussées, peu saillantes, nombreuses, subégales, assez rapprochées, aussi bien dans les espaces intercostaux que sur les côtes ; stries décurrentes très fines, très rapprochées, peu saillantes, un peu ondulées. — Coloration le plus souvent monochrome, presque la même sur les deux valves, d'un beau jaune, d'un rose tendre, ou d'un rouge orangé très vif, parfois avec des taches blanches ou roses, plus souvent avec des zones concentriques plus ou moins bien définies et de teinte plus foncée.

Dimensions. — Hauteur, 40 à 55 ; largeur, 39 à 57 ; épaisseur, 14 à 16 millimètres.

Observations. — Le *Pecten unicolor* présente quelques variations importantes à signaler. De toutes les espèces de son groupe, c'est certainement celle dont le galbe est le plus variable. Nous avons eu sous les yeux des individus qui étaient sensiblement plus hauts que larges, d'autres au contraire notablement plus larges que hauts ; enfin il en est qui sont exactement circulaires. Lorsque la taille devient un peu grande, le galbe tend à s'aplatir. Quelques spécimens sont presque exactement équivalves et d'autres équilatéraux.

L'allure et le nombre des côtes rappellent ceux du *Pecten distans ;* cependant elles sont toujours moins saillantes et moins anguleuses à leur naissance ; les deux côtes extrêmes sont presque toujours obsolètes. Quant à la coloration, elle varie toujours dans des gammes beaucoup plus tendres, et les deux valves sont presque également colorées.

Variétés. — D'après ce que nous venons de dire on peut instituer les variétés *ex forma* et *ex colore* suivantes :

Elongata. — D'un galbe nettement allongé, ayant parfois jusqu'à deux millimètres de plus en longueur qu'en largeur.

Elata. — D'un galbe transversalement élargi.

Depressa. — De grande taille, avec les deux valves plus ou moins égales, mais notablement déprimées dans tout leur ensemble.

Inflata. — De toutes tailles, avec les deux valves bien renflées.

Rosea. — D'un rose pâle, monochrome, ou zoné de teintes plus claires.

Aurantiaca. — D'un beau rouge orangé, très vif, monochrome (1).

Lutea. — D'un jaune plus ou moins foncé, monochrome.

Alba. — Les deux valves complètement blanches.

Bicolor. — Roux ou jaune un peu clair, avec les sommets blanchâtres.

Zonata. — De toutes nuances, avec deux ou trois zones concentriques plus colorées, à bords mal définis.

Marmorea. — De toutes nuances, mais surtout rose ou orangé, avec quelques marbrures rose pâle ou blanc.

Rapports et différences. — Rapproché du *Pecten distans*, le *P. unicolor* s'en distinguera : à son galbe plus variable ; à ses deux valves moins régulièrement bombées dans leur ensemble, le maximum de bombement étant limité sur une plus petite étendue ; à ses côtes moins saillantes, toujours plus arrondies à leur naissance, moins limitées sur les bords ; à ses espaces intercostaux plus arrondis dans le fond et toujours moins profonds ; chez le *Pecten distans* ces espaces sont beaucoup mieux définis,

(1) C'est la variété *b* de de Lamarck : *testa majore, rubra ;* mais cette couleur se retrouve sur des individus de toutes tailles.

plus aplatis dans le fond, tandis que chez le *Pecten unicolor* les côtes et les espaces intercostaux ont l'aspect d'ondulations uniformes alternativement creuses et saillantes. On le distinguera également : à ses stries longitudinales moins saillantes, plus émoussées ; à ses stries décurrentes moins fortes, découpant moins les stries longitudinales ; à sa coloration plus égale sur les deux valves, etc. Ces caractères nous paraissent suffisamment établis pour qu'on le différencie encore davantage des *Pecten griseus* et *sulcatus*.

Habitat. — Rare ; çà et là sur les côtes de Provence.

F. — Groupe du P. GLABER

Dans le sixième groupe ou groupe du *Pecten glaber* nous comprenons des coquilles de même taille que dans le groupe précédent, de galbe assez variable, mais avec de grosses côtes au nombre de 5 à 7 seulement, avec ou sans côtes intermédiaires plus petites ; généralement ces espèces, sauf le *Pecten amphicyrtus* sont toutes plus déprimées que dans le groupe du *Pecten distans ;* nous comptons dans ce groupe cinq espèces dont trois méditerranéennes et deux océaniques.

PECTEN GLABER, Chemnitz.

? *Ostrea glabra*, Linné 1758. *Syst. nat.*, édit. X, p. 698. — 1767. Edit. XII, p. 1146.
Pecten glaber, Chemnitz, 1789. *Conch. cab.*, VII, pl. LXVII, fig. 642, 643. — De Lamarck, 1819. *Anim. sans vert.*, VI, I, p. 137. — 1836. Edit. Deshayes, VII, p. 137. — Sowerby, 1847. *Thes. conch.*, *Pecten*, p. 58, pl. XXIII, fig. 169, 170.
— *proteus (pars)*, Reeve, 1853. *Icon. conch.*, *Pecten*, pl. XIV, fig. 55 *c*.
Chlamys glabra, Fischer, 1886. *Man. conch.*, p. 942, fig. 712.

Historique. — Sous le nom de *Pecten glaber*, la plupart des auteurs se sont plu à réunir un certain nombre de formes souvent des plus dissemblables. Nous allons essayer de rétablir sa véritable histoire en nous basant sur des données certaines et positives.

Linné, le premier, fait mention d'un *Ostrea glabra* ainsi caractérisé dans sa diagnose : *radiis* 10 *lævibus planiusculis*, et il ajoute dans sa description : *obsolete plicata*. Il renvoie pour la figuration aux iconographies de Gualtieri (1) et de Regenfuss (2). La première, fort incomplète, est

(1) Gualtieri, 1742. *Index Testarum*, pl. LXXIII, fig. II.
(2) Regenfuss, 1758. *Auserl. Schneck. Muscheln.*, pl. I, fig. 10 et pl. II, fig. 10

accompagnée de ces mots : *striis crassis, latis, rotundis et raris distinctis*. Il nous paraît difficile de faire concorder cette description avec celle de Linné, et la seule expression de *striis crassis* doit nous suffire pour écarter pareille synonymie.

La figuration de Regenfuss, quoi qu'en dise Hanley (1), nous laisse également quelques doutes. Ses côtes, quoique peu nombreuses et assez irrégulières, sont plutôt celles de l'*Ostrea citrina* (2) de Poli, que nous croyons bien voisin du *Pecten unicolor* de de Lamarck. Ainsi donc, dans sa courte diagnose, Linné peut avoir voulu décrire le véritable *Pecten glaber*, mais nous n'en avons nullement la certitude, et avec de Lamarck nous n'admettrons cette dénomination dans notre synonymie que sous bénéfice d'un point de doute.

De Lamarck, au contraire, a très exactement compris cette espèce. Sa description, toute courte qu'elle set, est absolument exacte et précise. Nous retrouvons dans sa collection cette même forme typique, avec ses 5 côtes plates, larges, peu saillantes, alternant avec une côte intermédiaire bien plus petite, et ayant dans les intervalles une douzaine de petites costulations longitudinales très fines et bien régulières. De Lamarck, dans sa synonymie, donne avec un point de doute les références de Linné et de Gmelin, et attribue la paternité du *Pecten glaber* à Chemnitz; il appuie sa description sur des figurations de Chemnitz (3), de Knorr (4) et de Bonani (5). Quoique ces dessins laissent quelque peu à désirer, nous n'hésitons pas cependant à les admettre, surtout la première figuration de Knorr qui représente avec la plus parfaite exactitude l'espèce qui nous occupe (6). Mais on remarquera que Chemnitz, sous le nom de *Ostrea glabra*, a réuni plusieurs formes différentes, puisqu'il comprend sous ce même nom les figures 641 à 645. C'est donc en réalité de Lamarck qui a assigné au *Pecten glaber* ses véritables limites.

Cela étant bien admis, voyons ce qu'il en est advenu chez les autres

(1) Hanley, 1855. *Ipsa Lin. conch.*, p. 110.

(2) Poli, 1795. *Test. utr. Sicil.*, II, p. 158, pl. XXVIII, fig. 15.

(3) Chemnitz, 1789. *Conch. cab.*, VII, pl. LXVII, fig. 642, 643.

(4) Knorr, 1764-1771. *Vergn. samml. Musch.*, II, pl. X, fig. 2; V, pl. X, fig. 5 et 6.

(5) Bonani, 1684. *Recreatio ment. et oc.*, pl. II, fig. 12.

(6) Dans la collection de de Lamarck au musée de Genève, cette espèce n'est plus représentée que par un seul échantillon, mais ce type est excellent. Au Muséum de Paris, il existe un carton sur lequel sont fixés six échantillons du *Pecten glaber*, avec une étiquette écrite de la main de de Lamarck. Tous ces échantillons sont identiques. C'est d'après cet ensemble que nous avons rétabli le *Pecten glaber*.

auteurs. Reeve (1), et après lui Petit de la Saussaye (2), ont cru devoir rattacher au *Pecten glaber* de Chemnitz ou de de Lamarck un certain nombre d'espèces de Gmelin, Poli, etc. L'*Ostrea aurantia* de Gmelin (3) comme l'*Ostrea citrina* de Poli (4), nous paraissent se rapporter au *Pecten unicolor*, et n'ont nullement le mode de costulation du *Pecten glaber*. L'*Ostrea flavescens* de Gmelin (5), représenté par Regenfuss (6), aurait plus d'analogie avec notre espèce, quoique d'après ce dernier auteur il s'agisse du *Bouternantel* des Hollandais. Les *Ostrea lutea* (7) et *O. depressa* (8), de Gmelin sont bien difficilement déterminables avec les figurations si incomplètes de Gualtieri (9), mais malgré cela elles nous semblent plutôt se rapporter à quelques-unes des espèces du groupe précédent. Quant à l'*Ostrea arata* de Gmelin (10), c'est une forme qui nous est complètement inconnue.

Scacchi (11) a réuni au *Pecten glaber* de Linné les *Ostrea plica, flexuosa, nebulosa, rustica* et *citrina* de Poli, et a cité en tout seize variétés réparties en quatre groupes, confondant ainsi avec le véritable *Pecten glaber* les différentes formes du groupe précédent. C'est cette même manière de voir que nous retrouvons plus tard chez Philippi (12), et chez M. le marquis de Monterosato (13).

Reeve et surtout Sowerby ont donné d'exactes figurations du *Pecten glaber*. Mais les auteurs allemands, E. von Martens (14), Weinkauff (15) et Kobelt (16) n'ont eu aucune idée de cette espèce lorsqu'ils ont cru devoir la confondre non seulement avec le *Pecten proteus* dont nous parlerons plus loin, mais encore avec les différentes formes du groupe précédent. Ce sont ces mêmes errements qui ont été malheureusement suivis par Petit de la Saussaye, et par plusieurs autres naturalistes. Il

(1) Reeve, 1853. *Icon. conch.*, *Pecten*, pl. XIV, fig. 53.
(2) Petit de la Saussaye, 1869. *Cat. Moll. test.*, p. 77.
(3) Gmelin, 1789. *Syst. nat.*, édit. XIII, p. 3321.
(4) Poli, 1795. *Test. utr. Sicil.*, II, p. 158, pl. XXVIII, fig. 15.
(5) Gmelin, 1789. *Loc. cit.*, p. 3321.
(6) Regenfuss, 1758. *Auserl. Schneck. Muscheln*, pl. I, fig. 8.
(7) Gmelin, 1789. *Loc. cit.*, p. 3320.
(8) Gmelin, 1789. *Loc. cit*, p. 3330.
(9) Gualtieri, 1742. *Index Test. conch.*, pl. LXXIII, fig. D; pl. LXXIV, fig. DD.
(10) Gmelin, 1789. *Loc. cit.*, p. 3327.
(11) Scacchi, 1836. *Cat. conch. Regni Neap.*, p. 3.
(12) Philippi, 1836. *Enum. Moll. Sicil.*, I, p. 79. — 1844. II, p. 57.
(13) M. de Monterosato, 1875. *Nuova Revista*, p. 8.
(14) E. von Martens, 1858. *In Malac. Blätt.*, IV, p. 65
(15) Weinkauff, 1867. *Conch. mittelm.*, I, p. 255.
(16) Kobelt, 1887. *Prodr.*, p. 432.

nous paraît pourtant bien difficile d'essayer de rapprocher, comme ces auteurs l'ont fait, des formes qui ont entre elles aussi peu de rapports !

D'après Petit de la Saussaye (1) il faudrait encore rapporter au *Pecten glaber* le *P. nebulosus* de Brown (2); c'est certainement une erreur, car il s'agit ici d'une forme septentrionale qui a normalement beaucoup plus d'affinité avec le *Pecten septemradiatus* de Müller qu'avec notre espèce.

Quelques auteurs anglais anciens ont cité le *Pecten glaber* sur les côtes d'Angleterre. Nous ne connaissons pas d'une façon absolue la forme à laquelle ils font allusion, et peut être, comme l'ont fait Forbes et Hanley (3) et Sowerby (4), conviendrait-il de l'inscrire avec un point de doute dans la synonymie du *Pecten septemradiatus*. Pennant (5), le premier, en fait mention, se bornant à renvoyer à l'indication de Linné. D'après la description qu'il en donne, il est bien dificile de tirer une conclusion spécifique de quelque valeur. Montagu (6), dans son *Supplément*, donne une description plus détaillée et une figuration assez médiocre, reproduite par Brown (7), mais pouvant à la rigueur convenir au *Pecten septemradiatus*. Enfin J. Fleming (8) se contente de citer les deux références que nous venons d'indiquer.

Description. — Coquille de taille moyenne ; galbe général transversalement arrondi, un peu plus large que haut, bien comprimé, subéquivalve, subéquilatéral. — Région antérieure à peine un peu plus haute et un peu plus développée que la région postérieure ; lignes apico-antérieure et postérieure subégales, droites, ou à peine légèrement concaves, atteignant environ aux deux cinquièmes de la hauteur totale à partir des sommets ; bord inférieur largement arrondi, retroussé à ses deux extrémités, un peu ondulé. — Sommets anguleux, peu saillants. — Oreilles subégales, grandes, hautes, larges, à profil externe ondulé, les antérieures un peu plus allongées que les postérieures ; sinus byssal très étroit, profond, un peu oblique.

Valve inférieure à peine un peu moins bombée que la valve supérieure, avec le maximum de bombement reporté au tiers de la hauteur totale à

(1) Petit de la Saussaye, 1869. *Cat. Moll. test.*, p. 77.
(2) Brown, 1834. *In Report. Brit. Association*, et *In Edinb. Journ. nat. Hist.*, I, p. 9, fig. 1.
(3) Forbes et Hanley, 1858. *Hist. Brit. Moll.*, II, p. 289.
(4) Sowerby, 1859. *Ill. index*, pl. IX, fig. 13.
(5) Pennant, 1777. *Brit. Zool.*, IV, p. 87.
(6) Montagu, 1808. *Suppl. Test. Brit.*, p. 59, pl. XXVIII, fig. 6.
(7) Brown, 1844. *Ill. conch. Brit.*, p. 73, pl. XXV, fig. 3 et 4.
(8) J. Fleming, 1828. *Hist. Brit. anim.*, p. 384.

partir des sommets, lentement et progressivement atténué jusqu'à la périphérie ; bord inférieur un peu émoussé ; sur la valve supérieure 5 côtes arrondies à leur naissance, larges, peu saillantes, un peu méplanes à leur extrémité, régulièrement espacées, les deux extrêmes très petites, souvent confuses, un peu distantes du bord ; entre chaque grosse côte une autre côte beaucoup plus petite, étroite, très peu saillante, régulièrement espacée par rapport aux grosses côtes voisines, les deux extrêmes situées immédiatement après les deux dernières grosses côtes ; espaces intercostaux larges, peu profonds, méplans, à bords vaguement définis ; sur la valve inférieure 5 grosses côtes aplaties, peu saillantes, très larges à leur extrémité, subbifides, alternant avec des espaces intercostaux notablement plus étroits, peu profonds, légèrement arrondis. — Intérieur ondulé, avec les espaces intercostaux délimités par des costulations saillantes, bien accusées. — Oreilles ornées de costulations rayonnantes fines, assez nombreuses, rapprochées, un peu ondulées, parfois frangées sur les bords, avec un bourrelet supérieur arrondi portant deux à trois costulations.

Test un peu mince, solide, un peu transparent, orné de fines costulations longitudinales, régulières, régulièrement espacées, au nombre de six à huit entre chaque côte, couvrant tout le test, mais plus accentuées dans les espaces intercostaux ; stries décurrentes très fines, très rapprochées, un peu ondulées, recouvrant le tout, mais le plus ordinairement obsolètes, surtout sur la valve inférieure. — Coloration différente sur les deux valves ; valve inférieure généralement très pâle, presque blanche ; valve supérieure d'un roux plus ou moins foncé, passant au rose, au jaune, au rouge ou au violacé, rarement monochrome, le plus souvent avec de larges marbrures brunes. — Intérieur nacré, participant un peu de la coloration externe.

Dimensions. — Hauteur, 32 à 45 ; largeur, 32 à 47 ; épaisseur, 9 à 12 millimètres.

Observations. — Le *Pecten glaber* est remarquable par la disposition de ses côtes, tantôt grosses, tantôt petites, toujours régulièrement alternantes sur la valve supérieure, et toujours très régulièrement espacées. Les petites côtes varient un peu de grosseur suivant les individus ; chez quelques-uns elles sont assez fortes, tandis que chez d'autres elles sont réduites à un simple filet à peine deux ou trois fois plus gros que les stries ornementales.

Quoi qu'en aient dit quelques auteurs, cette espèce n'est jamais lisse, lorsqu'elle est fraîche. Avec l'âge, et suivant les variétés, les grosses côtes s'affaissent plus ou moins, mais les petites stries longitudinales sont toujours visibles; elle ne disparaissent que lorsque la coquille est roulée. Elles sont en outre toujours un peu plus accusées sur la valve supérieure que sur la valve inférieure. Enfin il importe de noter que chez les jeunes individus les grosses côtes et surtout les petites sont proportionnellement plus fortes et plus saillantes; elles offrent alors quelque analogie avec le mode d'ornementation du *Pecten flagellatus*.

Quant au galbe, il est assez variable; souvent un peu renflé dans le jeune âge, il tend à s'aplatir ensuite de plus en plus, de telle sorte que le bombement se répartit sur toute la surface des valves, et celles-ci prennent alors ce faciès de verre de montre que nous avons déjà signalé à propos du *Pecten distans*; alors les bords sont émoussés; mais cela n'a pas toujours lieu, car on observe des individus de grande taille, bien adultes qui ont le bord tranchant. Le profil n'est pas non plus toujours arrondi; il tend avec l'âge à devenir un peu transverse.

VARIÉTÉS. — Il existe chez cette espèce un grand nombre de variétés *ex forma* et *ex colore*; nous signalerons :

Major — De grande taille, dépassant 45 millimètres de hauteur, avec un galbe bien comprimé.

Minor. — De petite taille, n'atteignant pas 30 millimètres de hauteur, souvent un peu renflé dans le voisinage des sommets.

Depressa. — Encore plus déprimée que le type, les deux valves bombées en verre de montre.

Inflata. — Un peu bombée, avec le maximum de bombement reporté dans le voisinage des sommets.

Elata. — De toutes tailles, mais surtout de taille un peu forte, notablement plus large que haute.

Attenuata. — Côtes très atténuées, même confuses dans le bas (1).

Quinquecostata. — Avec 5 grosses côtes beaucoup plus accusées, et les côtes intermédiaires très petites.

Decemcostata. — Avec les petites côtes plus fortes, mais toujours proportionnellement plus petites que les grosses.

(1) C'est très vraisemblablement cette variété qui a été représentée par la figure 643 de l'*Atlas* de Chemnitz.

Grisea. — D'un fond gris plus ou moins foncé, rarement monochrome ; valve inférieure blanche.

Fulva. — D'un fauve roux, plus ou moins foncé, rarement monochrome ; valve inférieure blanche.

Rosea. — D'un rose un peu tendre, très rarement monochrome ; avec la valve inférieure légèrement teintée.

Luteola. — D'un jaune pâle, rarement monochrome ; valve inférieure blanche.

Ferruginea. — D'un brun roux, foncé, ferrugineux, marbré ou maculé ; valve inférieure blanche ou grisâtre.

Brunea. — D'un brun très foncé, presque noirâtre, très rarement monochrome ; valve inférieure blanche ou grisâtre.

Violacea. — D'un beau violet clair, avec des marbrures ou maculatures ; valve inférieure blanche ou un peu rosée.

Albida. — Les deux valves complètement blanches.

Bicolor. — De nuances un peu claires, avec les sommets presque blanchâtres.

Marmorea. — De toutes nuances avec de larges marbrures blanches, foncées ou brunes.

Maculata. — De toutes nuances, et surtout de nuances un peu claires, avec des maculatures mal définies, un peu plus foncées.

Zonata. — De toutes nuances, mais surtout de nuances un peu claires, avec deux ou trois zones concentriques plus foncées, à bords mal définis.

Hypogramma. — De toutes nuances, mais surtout de nuances foncées avec des zigzags blancs, à bords bien tranchés.

Rapports et différences. — Tel que nous venons de le définir, on distinguera toujours facilement le *Pecten glaber* à son mode d'ornementation qui est absolument différent de celui de toutes les espèces des groupes précédents. Nous le comparerons plus loin avec d'autres espèces plus similaires.

Habitat. — Peu commun ; çà et là sur les côtes de Provence (1).

(1) C'est sans doute par erreur que Pennant (1777. *Brit. Zoology*, IV, p. 87) et Montagu 1808. *Test. Brit.*, *Suppl.*, p. 59, pl. XXVIII, fig. 6) ont indiqué cette espèce sur les côtes d'Écosse. Aucun auteur n'a vérifié cette assertion.

PECTEN PROTEUS, Solander.

Ostrea protea, Solander. *Mss.*, *In* Dillwyn, 1817. *Descript. catal.*, I, p. 265.
Pecten proteus, Sowerby, 1847. *Thes. conch.*, p. 53, pl. XIII, fig. 53, 54; pl. XIV, fig. 83, 84. — Reeve, 1853. *Icon. conch.*, *Pecten*, pl. XV, fig. 55 *a* et *b*. — Kobelt, 1887. *Prodr.*, p. 436.
— *glaber (pars)*, Weinkauff, 1867. *Conch. mittelm.*, I, p. 356.

Historique. — C'est aux auteurs anglais que nous devons la connaissance exacte de cette forme plus particulièrement méditerranéenne. Dillwyn, le premier, en donne une bonne description en la rapportant au *Pecten discors seu disconveniens* de Chemnitz (1). Depuis elle a été très exactement décrite et figurée par Sowerby et par Reeve. Il est assez singulier de voir une pareille forme confondue avec des espèces du groupe précédent, comme l'ont fait E. von Martens et Weinkauff. Passe encore si ce dernier auteur l'avait rapprochée du *Pecten septemradiatus* de Müller ; mais comme il donne à cette dernière espèce pour synonymie des formes aussi distinctes que les *Ostrea clavata* ou *O. inflexa* de Poli (2), il n'y a plus de raisons pour ne pas diviser tous les *Pecten* du système européen en deux ou trois espèces seulement. Nous rétablirons donc le *Pecten proteus* tel qu'il existe en réalité, et nous montrerons qu'une pareille forme est bien nettement distincte de ses congénères.

D'après les règles de la nomenclature, le nom de *Pecten discors* devrait avoir la priorité sur celui de *P. proteus*, comme étant le plus ancien. Mais, outre qu'il a été uniquement employé par un auteur qui n'admettait pas encore la dénomination binominale établie dès 1758 par Linné, ce nom prête à la confusion avec une autre espèce établie par de Lamarck (3). Le nom de *Pecten proteus* étant généralement admis, nous n'avons pas cru devoir le changer.

Description. — Coquille de taille moyenne ; galbe ovalaire, allongé dans le sens de la hauteur, déprimé dans son ensemble, un peu renflé dans le voisinage des sommets, très atténué à la base, subéquivalve, subéquilatéral. — Région antérieure un peu plus haute, mais plus développée que la région postérieure ; lignes apico-antérieure et postérieure

(1) Chemnitz, 1795. *Conch. cab.*, XI, p. 207, fig. 2042.
(2) Poli, 1795. *Test. utr. Sicil.*, II, p. 160 et 161, pl. XXVIII, fig. 4, 5 et 17.
(3) De Lamarck, 1819. *Anim. sans vert.*, VI, I, p. 182.

droites, la première un peu plus courte que la seconde, atteignant aux trois septièmes de la hauteur totale à partir des sommets; bord inférieur un peu étroitement arrondi, retroussé sur les côtés, à profil bien ondulé. — Sommets saillants, un peu renflés, bien anguleux. — Oreilles inégales, grandes, longues et hautes, les antérieures moins hautes et à profil externe plus ondulé que les postérieures ; sinus byssal peu large, droit et profond.

Valve supérieure à peine un peu plus bombée que la valve inférieure, avec le maximum de bombement reporté aux deux cinquièmes de la hauteur totale à partir des sommets. — Sur la valve supérieure 5 côtes un peu anguleuses à la naissance, arrondies, assez saillantes, assez larges vers la base ; en outre sur les côtés, deux côtes extrêmes souvent bifides, surtout celles de la région antérieure, parfois plus ou moins obsolètes ; espaces intercostaux presque deux fois plus larges que les côtes, peu profonds, méplans, à bords mal définis ; sur la valve inférieure, 6 à 8 côtes anguleuses et souvent plissées à leur naissance, très larges, peu saillantes, aplaties à leur extrémité, laissant entre elles des espaces intercostaux plus étroits et peu profonds, un peu méplans dans le fond. — Intérieur ondulé, formé par des séries alternantes de saillies et de creux tous méplans, correspondant aux espaces intercostaux et aux côtes, bordées à chaque changement de direction par un étroit cordon très saillant à la périphérie, très atténué dans la région des sommets ; au milieu des saillies de la valve supérieure correspondant aux espaces intercostaux, et sur les méplans de la valve inférieure correspondant aux grosses côtes, deux cordons très rapprochés, égaux aux autres cordons et simulant à l'intérieur une fausse côte ou un faux sillon à peine esquissé à l'extérieur ; bord inférieur largement mais peu profondément crénelé. — Oreilles ornées de stries rayonnantes, peu saillantes surtout sur les oreilles postérieures, assez espacées, un peu ondulées, avec un bourrelet supérieur assez fort.

Test un peu mince, solide, subopaque, orné de stries longitudinales assez fortes, rapprochées, un peu irrégulières, s'étendant depuis les sommets jusqu'à périphérie sur les côtes et dans les espaces intercostaux, plus accusées sur la valve supérieure que sur la valve inférieure ; stries décurrentes extrêmement fines, régulières, très rapprochées, passant sur le tout ; quelques stries d'accroissement un peu plus accusées notant des temps d'arrêt dans la croissance. — Coloration différente sur chaque valve : d'un blanc grisâtre ou rosé sur la valve inférieure ; passant du gris au jaune, au roux, au rouge ou au violet sur la valve supérieure, rarement monochrome, le plus souvent avec des zones concentriques plus foncées, à bord supérieur assez net et à bord inférieur un peu confus, parfois marbré ou maculé de teintes différentes. — Intérieur blanc, nacré, avec quelques taches brunes plus ou moins foncées le long du bord inférieur, et dans la région des sommets.

Dimensions. — Hauteur, 35 à 45; largeur, 32 à 44; épaisseur, 13 à 15 millimètres.

Observations. — Chez le *Pecten proteus* type, tel que nous venons de le décrire, il n'existe pas à proprement parler de côtes intermédiaires entre les 5 grosses côtes. Pourtant, à l'intérieur des valves, on retrouve toujours les traces d'un régime d'ornementation qui ne figure pas à l'extérieur. C'est tout au plus si parfois une des stries longitudinales médianes est un peu plus accusée, non pas tant à la périphérie que dans le voisinage des sommets. Lorsque l'on regarde la valve supérieure par transparence, on voit les grosses côtes se détachant en noir, bordées d'un mince filet blanc, et dans le milieu des espaces intercostaux, on distingue deux autres filets également blancs, presque toujours très rapprochés. Ce sont ces deux derniers filets qui correspondent aux cordons saillants que nous avons signalés à l'intérieur des valves.

Variétés. — Si le *Pecten proteus* varie peu dans son galbe, il présente par contre de grandes variations dans sa coloration. Nous citerons les variétés suivantes *ex forma* et *ex colore*.

Subrotundata. — De toutes tailles, mais d'un galbe un peu moins allongé.

Ventricosa. — De toutes tailles, avec les valves un peu plus renflées dans tout leur ensemble, mais le bord restant toujours mince.

Depressa. — De taille un peu petite, avec les deux valves bien déprimées.

Bifida. — Avec une ou deux côtes de la valve supérieure vaguement bifides (1).

Costulata. — Avec des côtes intermédiaires plus petites.

Aurantiaca. — D'un orangé vif, tirant parfois sur le rouge, tantôt

(1) C'est plutôt une anomalie qu'une variété ; elle parait du reste fort rare.

monochrome ou bicolore, tantôt avec deux ou trois zones concentriques, assez larges, plus foncées (1).

Violacea. — D'un violet un peu foncé avec la région des sommets jaunâtres et deux à cinq bandes concentriques plus foncées (2).

Luteola. — D'un jaune clair un peu pâle, avec trois à cinq bandes concentriques d'un brun foncé, régulièrement délimitées.

Monochroma. — D'un jaune pâle passant au jaune plus foncé, sans zones concentriques.

Marmorea. — D'un jaune pâle ou d'un gris jaunâtre, passant au roux, avec des maculatures marbrées, d'un brun foncé, passant presque au noir.

Hypogramma. — De toutes nuances, avec des zigzags alternants du blanc au brun très foncé.

Albida. — Les deux valves blanches ; parfois la valve inférieure est un peu colorée en fauve clair ou en rose pâle vers les sommets.

Rapports et différences. — Comparé au *Pecten glaber*, le *Pecten proteus* type s'en distinguera : à son galbe toujours plus allongé ; à son test plus mince, plus transparent; à ses côtes de la valve supérieure notablement plus étroites, plus saillantes, plus arrondies, sans côtes intermédiaires ; à sa valve inférieure beaucoup plus ondulée; à son intérieur ornementé de cordons saillants ; à ses stries longitudinales plus régulières et plus rapprochées; à ses oreilles plus inégales ; etc.

Habitat. — Rare ; çà et là, sur les côtes de Provence, notamment à Cette, Marseille, Toulon, Nice, etc.

PECTEN ANISOPLEURUS, Locard.

Pecten glaber (*non* Linné), Reeve, 1853. *Icon. conch.*, *Pecten*, pl. XIV, fig. 53, *b*.

Historique. — L'espèce nouvelle que nous allons décrire nous a été envoyée tantôt sous le nom de *Pecten glaber*, tantôt sous celui de *P. proteus*, et pourtant elle en est absolument distincte. Dans la collection du Muséum de Paris, sur un carton contenant six individus types du *Pecten*

(1) Reeve, 1853. *Icon. conch.*. *Pecten*, pl. XV. fig, 55, a.
(2) Reeve, *Loc. cit.*, fig. 55, b.

glaber se trouvent deux individus de forme différente. Deshayes, conservant ce carton tel qu'il était, avait ajouté au dos, sous l'étiquette de Lamarck ces mots : « Il y a sur ce carton deux individus appartenant à une autre espèce que le *glaber.* » Un autre carton de la même collection portant le type du *Pecten distans* de Lamarck, avec une étiquette écrite de sa main, contient également un individu de notre même espèce signalée comme nouvelle par Deshayes. Nous lui avons donné le nom de *Pecten anisopleurus* (1). Cette espèce est représentée par Reeve sous le nom de *Pecten glaber*.

Description. — Coquille de taille assez grande ; d'un galbe général ovalaire, un peu allongé dans le sens de la hauteur, bien déprimé, subéquivalve, subéquilatéral. — Région antérieure à peine un peu plus haute et un peu moins déprimée que la région postérieure ; lignes apico-antérieure et postérieure presque droites atteignant aux deux cinquièmes de la hauteur totale à partir des sommets ; bord inférieur largement arrondi, un peu retroussé à ses extrémités, à profil à peine ondulé. — Sommets aigus, peu saillants. — Oreilles inégales, celle de la valve supérieure dépassant un peu celle de la valve inférieure ; les antérieures un peu allongées, grandes, hautes, à profil externe fortement ondulé ; les postérieures également grandes, et un peu plus hautes ; sinus byssal très petit.

Valves supérieure et inférieure presque aussi bombées, avec le maximum de bombement reporté au tiers de la hauteur totale à partir des sommets, puis lentement et progressivement atténué jusqu'à la périphérie. — Sur la valve supérieure, 11 à 12 côtes, dont 5 plus fortes, alternant avec d'autres un peu moins saillantes, toutes un peu arrondies à leur origine, assez étroites, peu saillantes, subméplanes à leur extrémité, les côtes extrêmes un peu confuses, les autres équidistantes ; espaces intercostaux méplans, peu profonds, sensiblement de même largeur que la côte avoisinante ; sur la valve inférieure 12 à 14 côtes subégales, un peu arrondies à leur naissance, élargies et aplaties à leur extrémité, séparées par des espaces intercostaux plus étroits, peu profonds, à bords mal limités. — Intérieur ondulé formé par des séries alternantes de saillies et de creux tous méplans, correspondant aux espaces intercostaux et aux côtes de l'extérieur, fortement bordés à chaque changement de direction,

(1) Du grec : ἄνισος inégal ; πλευρὰ, *côte*.

par un cordon étroit et saillant, atténué seulement dans la région des sommets ; bord largement, mais peu profondément crénelé. — Oreilles ornées de stries rayonnantes, peu saillantes, assez espacées, un peu ondulées.

Test un peu mince, solide, subopaque, orné de stries longitudinales assez fortes, irrégulières, très irrégulièrement espacées, plus accusées sur la valve supérieure que sur la valve inférieure, un peu obsolètes sur les côtés ; stries décurrentes très fines, très rapprochées, un peu ondulées, passant sur toutes les côtes. — Coloration différente sur les deux valves ; valve inférieure grisâtre, avec quelques taches brunes plus ou moins larges, parfois marbrées au voisinage des sommets ; valve supérieure d'un roux un peu pâle, plus foncé vers les sommets qu'à la périphérie, passant au jaune pâle, ordinairement avec des marbrures ou des maculatures blanches ou fauves. — Intérieur blanc nacré.

Dimensions. — Hauteur, 32 à 45 ; largeur, 31 à 43 ; épaisseur 9 à 13 millimètres.

Observations. — Cette espèce nouvelle est plus particulièrement caractérisée par son mode d'ornementation. Chez le *Pecten proteus* il n'existe que 5 côtes (1). Chez le *Pecten glaber* nous voyons également 5 grosses côtes, mais entre chacune de celles-ci, il existe un second régime de côtes toujours beaucoup plus petites. Dans notre espèce, les côtes secondaires sont toujours beaucoup plus fortes, tandis qu'au contraire les grosses côtes sont moins larges et plus arrondies que chez le *Pecten glaber*. Il s'ensuit donc un faciès absolument différent. Ajoutons à cela ce mode d'ornementation si particulier de l'intérieur avec ses vingt-quatre à vingt-six cordons saillants, presque équidistants, prolongés très loin dans l'intérieur des valves, et l'on comprendra qu'il ne nous était pas possible de confondre notre espèce avec celles que nous venons de décrire.

Variétés. — Nous ne connaissons encore qu'une dizaine d'individus appartenant à cette espèce ; nous ne pouvons donc pas signaler un grand nombre de variétés. Nous instituerons cependant dès à présent les variétés suivantes :

(1) « *Shell sub-orbicular, with about five broad convex plaits, and numerous longitudinal striæ.* » Dillwyn, 1817. *Descrip. cat.*, I, p. 265.

Zonata. — Avec une large bande claire à la périphérie et les sommets beaucoup plus foncés.

Marmorea. — D'un gris clair ou jaunâtre, passant au roux fauve avec des maculatures brunes.

Maculata. — D'un fauve brun plus ou moins foncé, avec des maculatures blanches et fauves.

Rapports et différences. — On distinguera cette espèce : 1° du *Pecten distans* et des espèces de son groupe : à son galbe plus étroit, plus allongé ; à ses valves moins renflées dans leur ensemble, plus atténuées vers les bords ; à ses côtes moins saillantes, moins arrondies, et beaucoup moins régulières ; à son intérieur découpé ; à son sinus byssal beaucoup plus petit ; etc.

2° Du *Pecten glaber* : à son test plus mince ; à son galbe beaucoup plus étroitement allongé ; à ses valves moins régulièrement bombées ; à son bord inférieur plus étroitement arrondi ; à sa valve supérieure avec ses grosses côtes beaucoup moins larges ; à ses petites côtes beaucoup plus larges et plus saillantes ; à son intérieur beaucoup plus découpé, avec des cordons saillants ; à sa valve inférieure ornée de côtes toutes subégales et beaucoup plus étroites ; etc.

3° Du *Pecten proteus* : à son galbe proportionnellement moins renflé, avec le maximum de bombement reporté plus loin des sommets ; à ses grosses côtes moins fortes, moins saillantes, moins arrondies sur les deux valves ; à la présence de côtes intermédiaires toujours bien accusées, jamais atrophiées ; à sa valve inférieure ornée de côtes plus nombreuses et plus régulières ; à son intérieur plus régulièrement et plus profondément découpé, avec des cordons beaucoup plus nombreux ; etc. Dans le jeune âge, la distinction est encore plus nette et plus accusée, car chez le *Pecten anisopleurus*, les petites côtes sont encore proportionnellement plus saillantes, plus fortes et plus nettement accusées qu'à l'état adulte.

Habitat. — Peu commun ; çà et là sur les côtes de Provence, notamment à Cette, Marseille et Toulon.

PECTEN SEPTEMRADIATUS, Müller.

Pecten septemradiatus, Müller, 1776. *Zool. Dan. Prod.*, p. 248. — Jeffreys, 1863-69. *Brit. conch.*, II, p. 62, V; p. 166, pl. XXIII, fig. 1. — Kobelt, 1887. *Prodr.*, p. 437.
— *triradiatus*, Müller, 1776. *Zool. Dan. Prodr.*, p. 248. — 1788. *Zoologia Danica*, II, p. 25, pl. LX, fig. 1, 2.
— *pseudamusium*, Chemnitz, 1784. *Conch. cab.*, VII, p. 298, pl. LXIII, fig. 601, 602.
Ostrea hybrida, Gmelin, 1788. *Syst. nat.*, édit. XIII, p. 3318.
— *triradiata*, Gmelin, 1788. *Loc. cit.*, p. 3326.
— *septemradiata*, Gmelin, 1778. *Loc. cit.*, p. 3327.
Pecten danicus, Chemnitz, 1795. *Conch. cab.*, XI, p. 365, pl. CCVII, fig. 2043. — Sowerby, 1847. *Thes. conch.*, *Pecten*, I, p. 61, pl. XII, fig. 16; pl. XVII, fig. 187. — Reeve, 1852. *Icon. conch.*, pl. III, fig. 13. — Forbes et Hanley, 1853. *Brit. Moll.*, II, p. 288. pl. LII, fig. 1, 2, 7 à 10. — Sowerby, 1859. *Ill. ind.*, pl. IX, fig. 9 et 10.
— *aspersus*, de Lamarck, 1819. *Anim. s. vert.*, VI, I, p. 167. — 1836. Edit. Deshayes, VII, p. 136.
— *nebulosus*, Brown, 1835. *In Edinb. Journ. nat. hist.*, I, p. 9, fig. 1. — 1844. *Ill. conch.*, p. 72, pl. XXII, fig. 17.
— *Jamesoni*, Forbes. *In Mem. Werner. soc.*, VIII, p. 58, pl. II, fig. 1. — Brown, 1844. *Ill. conch.*, p. 73, pl. XXV, fig. 7.

HISTORIQUE. — Il est peu d'espèces en malacologie qui ait une synonymie aussi compliquée que la forme océanique qui nous occupe. Pour essayer de la débrouiller, nous avons commencé par en détacher toutes les dénominations données par des auteurs qui ne se sont occupés que de la faune méditerranéenne. C'est ainsi que nous en avons exclu les noms de *Ostrea* ou *Pecten inflexus, clavatus, corallinus, glaber, Dumasi, polymorphus, pes-felis, etc.*, que bon nombre d'auteurs se sont plu à faire rentrer dans sa synonymie. Il est, en effet, bien démontré, pour nous, que la forme océanique est absolument différente de la prétendue forme méditerranéenne. Peut-être, si l'on essayait d'acclimater dans la Manche ou dans l'Océan une de nos formes affines de la Méditerranée, obtiendrait-on à la longue, par sélection, quelque variété du *Pecten septemradiatus*. Mais l'expérience n'en ayant pas encore été faite, nous nous bornerons donc à constater les faits actuellement existants.

Müller paraît être le premier auteur qui ait décrit l'espèce qui nous occupe, ainsi que l'a reconnu, pour la première fois Lovèn (1). En 1776, dans sa *Zoologiæ Danicæ prodromus*, Müller donne les diagnoses très sommaires des *Pecten triradiatus* et *P. septemradiatus*; en 1788, dans sa *Zoologia Danica*, il décrit plus complètement et figure avec beaucoup de

(1) Lovèn, 1846. *Ind. Moll.*, p. 185.

soin le *Pecten triradiatus* seulement; mais il est facile de voir qu'il s'agit ici d'une forme dans laquelle les trois costulations médianes sont un peu plus fortes, un peu plus saillantes que dans le *Pecten septemradiatus* dont les côtes extrêmes sont ordinairement plus ou moins atténuées et souvent même polymorphes.

Le *Pecten pseudamusium* de Chemnitz se rapporte également à la même coquille. Gmelin, dans le *Systema naturæ*, s'est borné à prendre ces mêmes formes pour en faire des espèces distinctes. Son *Ostrea hybrida* n'est en effet que le *Pecten pseudamusium* de Chemnitz, puisqu'il renvoie à cet auteur et cite les mêmes références de Lister (1) et de Klein (2). Quant aux *Ostrea triradiata* et *O. septemradiata*, ce sont les deux *Pecten* de Müller.

De Lamarck paraît avoir mal connu cette espèce. Ainsi que nous l'avons constaté en étudiant sa collection au musée de Genève, il était beaucoup plus riche en formes exotiques qu'en formes européennes, et possédait notablement plus de coquilles de la Méditerranée que de l'Océan. Dans sa première édition il ne fait aucune mention des espèces que nous venons de citer, et se borne à décrire son *Pecten aspersus* d'accord avec la figure de l'*Encyclopédie* (3). Dans la seconde édition, Deshayes nous apprend que cette figure est bien celle du *Pecten danicus*, et en outre, il en complète la synonymie par les indications de Gmelin, de Chemnitz et de plusieurs autres auteurs. L'identification de l'espèce de de Lamarck avec le *Pecten septemradiatus* ne peut donc laisser subsister le moindre doute.

Brown et Forbes ont décrit, sous les noms de *Pecten nebulosus* et *P. Jamesoni* deux formes très voisines. Quoique nous ne connaissions ces types que par leur description et leur figuration, nous estimons, avec la plupart des autres auteurs anglais, qu'il y a lieu de ne les considérer que comme de simples variétés du véritable *Pecten septemradiatus*.

Il existe un nombre considérable de figurations de notre espèce. Nous avons indiqué les principales et les plus exactes dans notre synonymie. Nous devons à l'extrême complaisance de M. Ponsonby, de Londres, et de M. le Dr Stuxberg, de Gothembourg, l'envoi de bons types des mers du Nord, qui nous ont servi de termes de comparaison. Nous profitons de cette circonstance pour exprimer à ces savants naturalistes nos remerciements.

(1) Lister, 1685. *Hist. conch.*, pl. CLXXIII, fig. 10.
(2) Klein, 1758. *Ostr. meth.*, pl. IX, fig. 21. Cette référence est plus que douteuse.
(3) *Encyclop. meth.*, pl. CCXII, fig. 6.

Description. — Coquille de taille moyenne; galbe général sub-orbiculaire un peu allongé, très déprimé, subéquivalve, subéquilatéral. — Région antérieure un peu plus haute, et un peu plus étroite que la région postérieure; ligne apico-antérieure droite, ou à peine concave, atteignant aux deux septièmes de la hauteur totale ; ligne apico-postérieure un peu plus allongée et un peu plus tombante; bord inférieur un peu étroitement arrondi, bien retroussé à ses deux extrémités, avec un profil vaguement sinueux. — Sommets anguleux, peu saillants, mais nettement accusés. — Oreilles assez petites, inégales, surtout celle de la valve inférieure : les antérieures un peu longues, peu hautes; les postérieures plus courtes, à profil externe simplement concave ; sinus byssal presque nul.

Valves très déprimées, à peu près aussi bombées l'une que l'autre, avec le bombement reporté au premier tiers de la hauteur totale à partir des sommets, progressivement atténué jusqu'à la périphérie. — Sur la valve supérieure 7 à 9 côtes dont 3 à 5 plus fortes, un peu anguleuses et très étroites à leur naissance, arrondies, et peu saillantes à leur extrémité, les extrêmes peu développées souvent confuses ; espaces intercostaux larges, méplans, peu profonds, un peu plus étroits que la largeur des côtes. — Sur la valve inférieure 8 à 10 côtes aplaties, quelquefois subbifides à leur origine, très larges, peu saillantes et méplanes à leur extrémité, séparées par des espaces intercostaux peu profonds, étroits, arrondis, égaux à la moitié de la largeur des côtes. — Intérieur ondulé, rappelant le mode d'ornementation de l'extérieur. — Oreilles ornées de petites stries rayonnantes très fines, inégales, un peu flexueuses, avec un bourrelet assez fort dans le haut.

Test un peu mince, assez solide, translucide, orné de petites costulations longitudinales assez fortes, très irrégulièrement espacées, plus accusées sur la valve supérieure que sur la valve inférieure, plus prononcées vers la périphérie que vers les sommets ; stries décurrentes extrêmement fines, assez espacées, un peu irrégulières, se confondant avec les stries d'accroissement, passant sur toute la surface, plus saillantes dans les régions antérieure et postérieure, et formant à leur rencontre avec les stries longitudinales de petites saillies subsquameuses ; deux ou trois stries plus fortes marquent assez nettement des temps d'arrêt dans le développement. — Coloration différente sur les deux valves : valve inférieure d'un blanc grisâtre, teinté en rose terne et jaunâtre ou en roux, dans le voisinage des sommets; valve supérieure rarement monochrome, passant d'un rouge-brique plus ou moins foncé au jaune terne, le plus souvent avec des zones concentriques plus ou moins accusées, de nuance plus sombre, à bord inférieur mal défini, et sur le tout des mouchetures ou maculatures très fines, blanches ou brunes. — Intérieur blanc nacré, participant vaguement de la coloration extérieure.

Dimensions. — Hauteur, 30 à 40 ; largeur, 28 à 30; épaisseur, 8 à 12 millimètres.

Observations. — Le *Pecten septemradiatus* présente de nombreuses variations dues surtout à son mode d'ornementation. Mais il est facile de voir que toutes ces variations se rattachent à un même type et ne constituent nullement des espèces. En réalité, le nombre des côtes de la valve supérieure peut varier de 3 à 11. Le type, c'est-à-dire la forme la plus commune, celle du reste qui a été décrite par Müller, comporte 7 côtes saillantes, subégales ; mais souvent il existe sur chacun des côtés 2 côtes moins nettement définies, surtout les plus extrêmes, de telle sorte que l'on peut compter 7, 9 et même 11 côtes. D'autres fois, chez des sujets de taille moins forte, il n'existe plus que 5 et même seulement 3 côtes saillantes, avec 2 ou 4 côtes extrêmes ou intermédiaires plus ou moins atrophiées. On arrive ainsi au *Pecten triradiatus* de Müller.

Chez certains sujets, à droite et à gauche de la côte médiane, qui est nécessairement la plus forte, on observe 2 côtes très atténuées, faisant en quelque sorte pendants à 2 autres côtes également peu visibles, situées au-delà des 2 grosses côtes latérales dans la forme *triradiata*; c'est donc un total de 7 côtes dont 3 fortes et 4 atténuées. Enfin ces deux dernières peuvent être suivies de 2 côtes extrêmes très obsolètes, et on retrouve ainsi les 7 à 9 côtes du type, telles que nous les avons indiquées dans notre description. Mais comme on le voit, pour bien comprendre le polymorphisme de cette espèce, il est indispensable d'avoir sous les yeux de grandes séries d'individus.

La forme des côtes est également très variable; nous venons de voir les différences que l'on pouvait observer dans leur grosseur réciproque ; il en est de même de leur profil. Contrairement à ce que l'on observe ordinairement chez les autres *Pecten*, les côtes ne s'affaissent pas avec l'âge ou avec la taille. Nous citerons des sujets de grande taille, bien adultes, dont les côtes sont, non plus arrondies, mais presque anguleuses dans le milieu, avec une carène marquée à la façon du *Pecten lineatus*, ou mieux de la *var. lineata* du *Pecten opercularis* (1).

(1) *Vide ante*, p. 56.

Suivant les individus, et probablement aussi suivant les milieux, les costulations longitudinales sont plus ou moins fortement accusées. Elles sont toujours bien visibles chez les sujets fraîchement conservés, et ne paraissent pas s'atténuer avec l'âge. Souvent elles forment à la périphérie un contour frangé, comme chez le *Pecten clavatus*, mais sans que ce bord dépasse le plan horizontal des valves qui restent toujours très tranchantes à la base. Forbes et Hanley ont représenté (1) un individu dont les costulations sont particulièrement accusées. En général on peut dire que ces costulations sont d'autant plus fortes que le nombre des côtes est plus petit.

Variétés. — Étant admis que le type doit avoir 7 côtes, nous signalons les variétés suivantes :

Major. — De grande taille, atteignant jusqu'à 45 millimètres de hauteur totale et même plus.

Elongata. — D'un galbe plus étroitement allongé, nettement ovalaire.

Rotundata. — Galbe exactement arrondi.

Inflata. — Galbe arrondi, avec les deux valves, mais surtout la valve inférieure, bien bombée.

Triradiata. — Avec 3 grosses côtes bien marquées.

Quinqueradiata. — Avec 5 côtes subégales assez fortes.

Novemradiata. — Avec 7 côtes subégales assez fortes, et 2 côtes extrêmes atténuées.

Undecimradiata. — Avec 7 à 9 côtes subégales assez fortes et 4 ou 2 côtes extrêmes plus ou moins atténuées.

Lineata. — Avec une linéole marquant le milieu de chaque côte.

Sublævigata. — Avec 3 à 5 côtes très atténuées, larges et peu saillantes.

Striata. — Avec des costulations bien marquées sur chaque valve.

Fimbriata. — Avec un bord frangé.

Rubiginosa. — D'un rouge-brique plus ou moins foncé, avec des zones concentriques plus teintées et des maculatures blanches comme ponctuées.

Luteola. — D'un jaune terne, avec des zones d'un roux fauve, mal définies, parsemé de maculatures blanchâtres.

Ferruginea. — D'un brun roux, ferrugineux, avec des zones concentriques plus foncées, à bords confus, et des maculatures rouges ou blanches.

(1) Forbes et Hanley, 1853. *Brit. conch.*, pl. LII, fig. 2.

Albida, Jeffreys (1). — Les deux valves presque complètement blanches.

Maculata. — De toutes teintes, mais le plus souvent rouge-brique, avec des maculatures blanches, assez petites.

Marmorea. — De toutes teintes, mais le plus souvent rouge-brique, avec des marbrures blanches et rouge plus foncé (2).

Rapports et différences. — Ce Pecten, comme nous l'avons dit, a été confondu avec un grand nombre d'autres formes. Nous allons montrer quels sont ses caractères différentiels.

Rapproché du *Pecten glaber*, on le distinguera : à son galbe plus relevé sur les côtés avec un contour toujours plus longitudinalement elliptique; à ses costulations notablement plus fortes; à ses côtes plus étroites, plus arrondies, plus espacées; à ses oreilles beaucoup plus petites, moins hautes et moins longues; à ses valves moins bombées avec le maximum de bombement porté davantage vers les sommets; à son bor dinférieur plus tranchant; etc.

On le séparera du *Pecten clavatus*, avec lequel quelques auteurs ont cru le confondre : à son galbe moins allongé; à son test plus mince, plus translucide; à ses costulations beaucoup plus fortes sur toute la coquille si ce n'est au bord basal; à ses côtes toujours beaucoup moins saillantes, plus régulières, non en forme de massue; à ses sommets plus larges, formant un angle plus ouvert; à ses oreilles plus grandes, surtout plus hautes; à son intérieur notablement moins creusé; etc.

On ne pourra le confondre ni avec le *P. flexuosus*, ni avec le *P. flagellatus*, dont la taille est plus petite, le galbe beaucoup plus arrondi, les valves plus renflées, les oreilles plus grandes, les côtes plus étroites et plus saillantes, les costulations plus fines, etc.

Il présente plus d'analogie avec le *Pecten proteus*; on le distinguera de cette dernière espèce : à son galbe notablement moins allongé; à ses valves plus déprimées; à ses sommets moins saillants et formant un angle plus ouvert; à ses côtes beaucoup moins régulières, plus larges, moins bien arrondies; à ses oreilles plus petites, beaucoup moins longues; à ses costulations toujours moins régulières; à son ornementation intérieure beaucoup plus simple, sans cordons bien marqués; etc.

Enfin, comparé au *Pecten anisopleurus* il s'en distinguera : par son

(1) Jeffreys, 1863. *Brit. Conch.*, II, p. 63.
(2) Brown, 1844. *Ill. conch.*, pl. XXII, fig. 17.

galbe moins étroitement allongé; par ses valves plus comprimées; par ses côtes beaucoup plus larges, et beaucoup moins saillantes sur les deux valves, en nombre toujours moins considérable ; à son intérieur beaucoup plus simplement ornementé, sans cordons saillants; à ses oreilles toujours beaucoup plus petites; à l'absence presque complète de sinus byssal ; etc.

Habitat. — Assez rare ; sur les côtes océaniques et dans la Manche, depuis Dunkerque dans le nord, jusque dans le golfe de Gascogne.

PECTEN AMPHICYRTUS, Locard.

Pecten polymorphus (non Brown), Cailliaud, 1865. *Cat. Moll. Loire-Inf.*, p. 120

Historique. — Cailliaud a signalé, sous le nom de *Pecten polymorphus*, dans la faune maritime du département de la Loire-Inférieure, la présence d'une « coquille toujours plus ou moins roulée, rejetée sur les côtes de la baie de Pornichet, près le Pouliguen, et au Croisic ». D'autre part, M. le Dr P. Fischer (1), rappelant cette indication de Cailliaud, nous apprend que « un exemplaire roulé d'un grand Peigne, voisin par sa forme du *Pecten danicus*, Chemnitz, a été trouvé sur la plage du bas Médoc. Il nous est, dit-il, impossible de déterminer spécifiquement notre individu, qui appartient peut-être à une espèce nouvelle ».

Nous ne connaissons pas l'échantillon du bas Médoc signalé par M. le Dr Fischer; mais M. Nicollon, du Croisic, a bien voulu nous envoyer trois valves d'un *Pecten* roulé recueillies par lui à la Bauche, dans la baie du Pouliguen. En outre, par les soins de M. Nicollon, nous avons reçu en communication de M. le Dr Bureau, directeur du Muséum d'histoire naturelle de Nantes, les types de la collection Cailliaud et ceux du musée de la ville, soit en totalité une vingtaine de valves, toutes plus ou moins roulées, mais appartenant évidemment à la même espèce de *Pecten*.

Enfin, nous avons reçu il y a déjà quelques années, des environs de Cherbourg, une valve isolée, incomplète, déjà un peu roulée, mais néanmoins très caractéristique, qui se rapporte incontestablement à la même espèce.

Il résulte de l'étude de ces différents matériaux qu'il doit exister sur

(1) P. Fischer, 1865. *Faune conch. Gironde*, p. 63.

toutes nos côtes océaniques de France, jusque dans la Manche, une forme que les dragages n'ont pas encore permis de recueillir vivante, dont les valves sont rejetées de temps en temps sur nos côtes, et dont la description n'a pas été donnée jusqu'à présent. Nous proposons de l'appeler *Pecten amphicyrtus* (1). Cette forme appartient, comme l'a fait pressentir M. P. Fischer, au groupe du *Pecten septemradiatus, seu P. danicus*, mais elle en diffère d'une façon absolue par son galbe et son allure générale. C'est en coordonnant les différents matériaux dont nous venons de parler que nous allons essayer d'en donner une description aussi complète que possible.

Description. — Coquille de taille assez grande ; galbe général arrondi, très globuleux, subéquivalve, subéquilatéral. — Région antérieure un peu plus haute et un peu moins développée que la région postérieure ; lignes apico-antérieure droite ou légèrement concave, atteignant environ aux trois septièmes de la hauteur totale comptée à partir des sommets ; bord inférieur bien arrondi, un peu retroussé à ses extrémités, à profil largement ondulé. — Sommets forts, saillants, un peu aplatis à leur origine. — Oreilles petites, subégales (2) ; sinus byssal peu large et peu profond.

Valves très bombées, la valve inférieure un peu plus bombée que la valve supérieure, toutes deux avec le maximum de bombement reporté dans la région des sommets, puis faiblement atténué jusqu'au delà du milieu de la coquille, ensuite plus rapidement atténué jusqu'à la périphérie. — Sur la valve supérieure de 5 à 7 grosses côtes, les deux extrêmes confuses, celle du milieu la plus grosse, toutes progressivement et assez régulièrement développées, assez saillantes, à profil arrondi, séparées par des espaces intercostaux environ une fois et demie plus larges que leur épaisseur, à fond méplan ; au milieu des espaces intercostaux, une petite costulation étroite, peu saillante, assez régulière, visible seulement dans les quatre espaces intercostaux les plus médians. — Sur la valve inférieure 4 à 6 grosses côtes bifides, très larges, aplaties à leur extrémité, laissant entre elles un espace intercostal notablement plus petit que leur épaisseur totale. — Intérieur ondulé, rappelant la disposition externe, avec de petits cordons peu saillants indiquant les plans

(1) Du grec ἀμφίκυρτος, biconvexe.
(2) Dans presque tous les échantillons, les oreilles sont en partie brisées.

de séparation des côtes et des espaces intercostaux, accusés surtout à la périphérie ; bord basal profondément crénelé.

Test solide, épais, subopaque, orné sur les deux valves de costulations longitudinales apparentes seulement dans les espaces intercostaux, au nombre de trois ou quatre, fines, assez régulières, assez rapprochées. — Coloration d'un roux pâle, plus claire sur la valve inférieure que sur la valve supérieure, avec des marbrures plus foncées.

Dimensions. — Hauteur, 35 à 42 ; largeur, 33 à 39; épaisseur, 22 à 24 millimètres.

Observations. — Comme on vient de le voir, cette espèce est surtout caractérisée par l'énorme bombement de ses deux valves. Elle paraît jouer dans ce groupe le rôle du *Pecten commutatus* dans le groupe du *Pecten opercularis*. Son mode de bombement rappelle, en plus petit, celui du *Pecten maximus*. Ce bombement est du reste assez variable, car il existe évidemment une *var. depressa*; en outre, chez certains sujets, nous voyons le maximum de saillie presque médian, tandis que chez d'autres il est reporté davantage dans le voisinage de la région des sommets.

Quant au mode d'ornementation et à la disposition de ses grosses côtes, il rappelle celui du *Pecten flagellatus* et du *P. glaber;* mais en outre il possède des costulations intermédiaires comme nous n'en voyons pas chez ces deux espèces.

Variétés. — D'après ce que nous venons de dire on peut, dès à présent, reconnaître les var. *depressa, inflata, marmorea* et *zonata*. Il ne nous semble pas nécessaire, vu l'état des échantillons, de nous étendre davantage sur ces variations.

Rapports et différences. — On distinguera le *Pecten amphicyrtus* des *P. septemradiatus* et *P. proteus* : à son galbe beaucoup plus globuleux, beaucoup plus renflé ; à son profil moins arrondi, avec les régions antérieure et postérieure moins hautes ; à ses grosses côtes plus saillantes ; à ses petites côtes intermédiaires, logées au milieu des espaces intercostaux ; à ses costulations longitudinales beaucoup moins nombreuses et beaucoup plus fortes ; à son intérieur plus fortement ondulé ; à son test beaucoup plus épais ; etc.

Son mode d'ornementation présente quelque analogie avec celui du *Pecten glaber ;* mais on séparera toujours le *Pecten amphicyrtus :* à son galbe beaucoup plus renflé, notablement moins élargi, avec le bord inférieur plus ondulé ; à ses grosses côtes toujours plus étroites et plus saillantes, à ses petites côtes et à ses costulations longitudinales plus accusées ; à son test plus épais, plus profondément sillonné à l'intérieur comme à l'exérieur; etc.

Comparé au *Pecten anisopleurus*, on le reconnaîtra : à son galbe bien plus renflé ; à ses sommets beaucoup plus saillants dans tout leur ensemble ; à ses grosses côtes plus fortes, surtout plus saillantes ; à ses côtes intermédiaires toujours beaucoup plus petites, plus régulières ; à ses costulations intermédiaires plus fortes ; à son test plus épais ; etc.

Habitat. — Assez rare, dans les zones profondes de la région océanique, depuis le bas Médoc jusque dans la Manche.

G. — Groupe du P. CLAVATUS

Le septième groupe ou groupe du *Pecten clavatus* renferme des espèces de petite taille, d'un galbe plus ou moins déprimé, ornées de grosses côtes au nombre de cinq à sept, avec ou sans côtes intermédiaires plus petites. Ces espèces au nombre de trois sont exclusivement méditerranéennes.

PECTEN CLAVATUS, Poli.

Ostrea clavata, Poli, 1785. *Test. utr. Sicil.*, II, p. 160, pl. XXVIII, fig. 17.
— *inflexa*, Poli, 1785. *Loc. cit.*, p. 160, pl. XXVIII, fig. 4, 5.
Pecten inflexus, de Lamarck, 1819. *Anim. sans vert.*, VI, I, p. 175. — 1876. Edit. Deshayes, VII, p. 144. — Hidalgo, 1870. *Moll. marin.*, pl. XXXI, fig. 4 à 6, — Kobelt, 1887. *Prodr.*, p. 436.
— *Dumasi*, Payraudeau, 1826. *Cat. Moll. Corse*, p. 75, pl. II, fig. 67.
— *aspersus* (*pars*), Philippi, 1836. *Enum. Moll. Sicil.*, I, p. 81. — 1844. *Loc. cit.* II, p. 57.
— *clavatus*, Sowerby, 1847. *Tes. conch.*, *Pecten*, p. 47, pl. XII, fig. 14-15. — Reeve, 1852. *Icon.conch.*, *Pecten*, pl. IV, fig. 18.
— *septemradiatus*, Weinkauff, 1867. *Conch. Mittelm.*, I, p. 260.

Historique. — L'*Ostrea clavata* de Poli est une des formes les plus typiques et les mieux caractérisées, et pourtant elle a donné lieu à de singulières confusions. Bornons-nous à prendre le type tel qu'il est décrit et figuré dans le grand ouvrage de Poli, avec « ses côtes relevées en forme de massue » et sa couleur vermillon. Cette forme est représentée avec un galbe nettement allongé dans le sens de la hauteur et portant 5 grosses côtes. Dans ces conditions il ne nous paraît pas possible de l'identitier avec l'*Ostrea flexuosa* dont les valves « repliées jointent à ondes marines » lui ont valu sa dénomination, et dont la couleur ordinairement « cendrée, agréablement parsemée de points bruns ». Cette dernière espèce est représentée avec un contour beaucoup plus arrondi et avec de petites costulations entre les côtes. Dans la description, l'*Ostrea clavata* est qualifiée de *subovata*, tandis que l'*O. flexuosa* est dit *rotundata*.

Il est incontestable pour nous que l'*Ostrea inflexa* du même auteur n'est qu'une manière d'être particulière de l'*Ostrea clavata*. En effet, l'*Ostrea inflexa* est caractérisé par son galbe plus arrondi, et surtout par la forme de son bord inférieur « *ambitu inflexo, tenuissime striato* » ou « *ambitus iste in utraque valva ea ratione inflectitur, ut concha pyxidis formam imitari videatur* ». Or, comme nous le dirons plus loin, l'*Ostrea clavata* peut, dans certains cas, affecter cette disposition particulière, de même que tout en étant adulte il peut conserver ses caractères normaux, sans que son bord inférieur se déforme. C'est également ce que nous constatons pour l'espère suivante. Il n'y a donc pas lieu d'admettre avec Poli deux espèces différentes.

Nous maintiendrons donc avec Sowerby et avec Reeve le *Pecten clavatus*, donnant ainsi la préférence à une dénomination se rapportant à un type normal plutôt qu'à celle qui désigne une manière d'être accidentelle.

Enfin, quelques auteurs comme Weinkauff ont cru devoir identifier cette forme éminemment méditerranéenne avec d'autres formes purement océaniques. Il suffit d'examiner quelques bons types de provenance certaine, pour éviter une semblable confusion. Nous avons eu du reste déjà l'occasion d'établir la comparaison de ces différentes formes (1). Au surplus, MM. Aradas et Benoît (2) ont déjà discuté pareille question et ont eu soin de figurer l'une à côté de l'autre ces deux formes si complètement distinctes.

Par contre, nous réunirons au *Pecten clavatus* le *Pecten Damasi* de Payraudeau. L'étude de ce dernier type, précieusement conservé au Muséum de Paris, ne laisse subsister aucun doute à l'égard de cette identification. Etant de petite taille et de fraîche conservation, il présente une ornementation plus nettement caractérisée que chez la plupart des individus du *Pecten clavatus* qui figurent dans les collections (3).

(1) *Vide ante*, p. 95.

(2) Aradas et Benoit, 1870. *Conch. viv. marina della Sicilia*, p. 97, pl. III, fig. 4 et 5.

(3) O. G. Costa (1825. *Cat. test. Sicil.*, p. 20) considère l'*Ostrea clava*, de Poli, comme une variété du *Pecten Dumasi*; cette forme étant créée postérieurement à la première doit nécessairement passer en seconde ligne.

Nous n'avons pas essayé d'établir la synonymie de tous les auteurs qui ont eu à signaler pareille forme ; cela nous entraînerait trop loin. Mais nous avons tenu à indiquer les figurations les plus exactes. Telles sont celles de Payraudeau, de Sowerby, de Reeve et d'Hidalgo.

D'après les descriptions et les figurations qui s'y rapportent, il est probable que l'*Ostrea pes-Lutræ* de Linné (1) doit être considéré comme une forme purement accidentelle du *Pecten clavatus*. En effet, quatre auteurs, à notre connaissance, ont figuré cette coquille. Lister (2), Gualtieri (3) et d'Argenville (4) sont cités par Linné comme références de son *Ostrea pes-Lutræ*. Lister et Gualtieri donnent la figuration d'un Peigne au galbe assez allongé, orné de 5 grosses côtes, privé de ses deux oreilles, et de taille assez petite. D'Argenville donne au contraire le dessin d'une coquille de galbe plus arrondi et orné d'un beaucoup plus grand nombre de côtes. C'est sans doute uniquement parce que cette coquille n'a pas d'oreilles que Linné a cru devoir la rapprocher des deux autres. Elle doit nécessairement en être différenciée. Poli (5) a également représenté la même forme que Lister et Gualtieri, et nous voyons en outre que la coloration de sa coquille est blanche.

Nous n'avons entre les mains ni le type de Linné, ni celui de Poli, de telle sorte que nous ne possédons actuellement aucune certitude sur l'identification absolue de ces différentes formes. Mais l'on remarquera cependant que Hanley (6) dit que quelques individus du *Pecten danicus* (7), avec leurs oreilles mutilées, ressemblent à l'espèce linnéenne. Or le *Pecten danicus* est une forme septentrionale qui n'a rien à voir avec les formes figurées par Poli. En outre d'autres auteurs comme Dillwyn (8) croient pouvoir rapprocher de ce type linnéen l'*Ostrea plica* du même auteur, espèce qui vit dans l'océan Indien. On comprend dès lors la singulière confusion qui règne autour de cette forme mutilée dont tant d'auteurs se sont occupés. En présence de ces faits, sans prétendre donner ici des conclusions définitives, nous estimons qu'une coquille vivante aussi incomplète, et dont l'historique et aussi imparfait, ne peut

(1) *Ostrea pes-lutræ*, Linné. *Mantissa*, p. 547.
(2) Lister, 1685. *Hist. conch.*, pl. CLXXI.
(3) Gualtieri, 1742. *Ind. conch.*, pl. LXXIV, fig. C C.
(4) D'Argenville, 1742. *Conch.*, pl. XXIV, fig. A.
(5) Poli, 1785. *Test. utr. Sicil.*, II, p. 169, pl. XXVIII, fig. 19.
(6) Hanley, 1855. *Ipsa Lin. conch.*, p. 455.
(7) *Pecten danicus*, Chemnitz, 1795. *Conch. cab.*, p. 265, pl. CCVII, f. 2043.
(8) Dillwyn, 1817. *Descr. catal.*, I, p. 252.

servir de prototype. Nous maintiendrons donc simplement l'*Ostrea pes-Lutræ* de Poli comme synonyme de son *Ostrea clavata*, tout en reconnaissant qu'il représente une forme accidentelle, différente d'une autre forme accidentelle décrite par Linné, laquelle appartient très probablement à la faune septentrionale.

Description. — Coquille de taille assez petite ; galbe général subovalaire, semi-déprimé, inéquivalve, inéquilatéral. — Région antérieure un peu haute et un peu moins développée que la région postérieure ; ligne apico-antérieure droite, s'arrêtant environ au tiers de la hauteur totale à partir des sommets ; ligne apico-postérieure droite ou un peu flexueuse, plus longue et un peu plus tombante, atteignant au milieu de la hauteur totale ; bord inférieur arrondi, à profil largement ondulé. — Sommets anguleux, peu saillants. — Oreilles très petites, inégales : les deux antérieures presque égales, un peu longues, assez hautes, à profil externe légèrement flexueux ; les deux postérieures très petites, très courtes et peu hautes ; sinus byssal sensiblement nul.

Valve supérieure presque plane, légèrement creusée à l'intérieur, avec 5 côtes, les deux extrêmes peu saillantes, les trois autres fortes, claviformes, un peu anguleuses à l'origine, puis rapidement bien arrondies et devenant renflées et très saillantes vers le bord inférieur ; espaces intercostaux une fois et demi plus larges que l'épaisseur des côtes, à fond méplan, à bords arrondis. — Valve inférieure régulièrement bombée dans tout son ensemble, une fois et demi plus creusée à l'intérieur que la valve supérieure, ornée de 6 côtes ; les deux extrêmes très petites, peu saillantes ; les deux suivantes plus fortes, subarrondies sur toute leur longueur, très rapprochées des deux premières, les deux médianes très larges et très fortes, arrondies vers les sommets, un peu méplanes à la périphérie ; espaces intercostaux plus étroits que les côtes, bien arrondis. — Intérieur reproduisant exactement le faciès externe ; bord inférieur très finement et très régulièrement frangé sur une faible hauteur. — Sur les oreilles 2 ou 3 petites côtes rayonnantes, peu élevées, un peu ondulées, à peine accusées sur les oreilles postérieures.

Test mince, assez solide, subopaque, orné sur la valve inférieure de petites costulations longitudinales très fines, arrondies, régulières, régulièrement espacées, plus accusées sur les côtes que dans les espaces intercostaux, peu visibles ou obsolètes sur la valve inférieure, où elles sont également plus accusées sur les côtes que dans les espaces intercostaux ; stries longitudinales extrêmement fines, très rapprochées, visibles seulement à la loupe, et sur la valve supérieure ; stries décurrentes extrêmement fines, à peine sensibles, se confondant avec les stries d'accroissement, recoupant les petites costulations et leur donnant, lorsque la coquille est très fraîche, un faciès subsquameux. — Coloration dissemblable sur les deux valves ; valve inférieure d'un blanc grisâtre, parfois un peu rose ou jaunâtre dans le voisinage des sommets ou à la périphérie ; valve supérieure d'un brun rouge un peu terne, le plus souvent finement maculé de petits points blanchâtres, quelques fois zoné ou marbré. — Intérieur blanc nacré.

Dimensions. — Hauteur, 25 à 38 ; largeur, 22 à 35 ; épaisseur, 10 à 12 millimètres.

Observations. — Chez cette espèce, le mode d'accroissement, sans présenter les singulières variations que nous observerons chez l'espèce suivante, est cependant intéressant à étudier. Tant que la coquille est jeune, et même encore chez certains individus adultes, le bord inférieur est mince, et simplement frangé à l'intérieur. Plus tard, il se produit à un moment donné une sorte de ralentissement dans le développement, dans le sens de la longueur et de la largeur ; l'accroissement a lieu uniquement en épaisseur ; les valves se creusent, se bombent ; le bord inférieur s'élève sur les deux valves et en sens contraire, de façon à devenir très obtus ; la coquille est ainsi plus ou moins pyxoïde. Dans cet accroissement les costulations longitudinales prennent un développement particulier sur le bord des deux valves qui semblent régulièrement frangées au dehors, tandis que les grosses côtes, dans cette même région, sont au contraire notablement atténuées.

Variétés. — Nous avons observé chez cette espèce un grand nombre de variétés *ex forma* et *ex colore* ; nous signalerons les suivantes qui se trouvent plus souvent sur les côtes italiennes que sur les côtes françaises.

Major. — De grande taille, atteignant jusqu'à 58 millimètres de hauteur, d'après un échantillon de Lisbonne, étiqueté par de Lamarck sous le nom de *Pecten flexuosus*, dans les collections du Muséum de Paris.

Depressa. — Galbe très déprimé dans tout son ensemble, la valve supérieure paraissant même parfois un peu concave extérieurement.

Inflata. — Avec la valve supérieure notablement bombée au voisinage des sommets.

Subclavata. — Avec les côtes de la valve supérieure très atténuées vers le bord inférieur, se perdant dans le bord frangé, et n'atteignant pas la périphérie.

Costulata. — Avec les costulations longitudinales bien saillantes.

Imbricata. — De tous galbes, mais souvent de taille un peu petite, avec les imbrications qui ornent les costulations très saillantes. C'est cette variété qui fait rattacher le *Pecten Damasi*, de Payraudeau, au type normal.

Fimbriata. — Avec une zone plus ou moins large sur le bord inférieur nettement et finement frangée. Parfois ce mode d'ornementation se trouvant concorder avec un renflement des valves, donne naissance à une forme analogue à celle du *Pecten inflexus* que Poli a qualifiée de « boîte » (1). C'est sans doute cette variété qui a fait croire à certains auteurs qu'il fallait identifier les *Ostrea inflexa* et *O. clavata.*

Aurantiaca. — D'un rouge orangé sur la valve inférieure, avec des points plus blancs, irrégulièrement semés. Dans cette *var. ex colore* comme dans les suivantes, la valve inférieure est d'un blanc grisâtre, un peu teinté à la base.

Rubra. — D'un rouge vermillon sur la valve supérieure, avec des points bruns, ou blancs, irrégulièrement semés.

Grisea. — Valve supérieure d'un gris rosé, terne, passant au rouge sombre sur les bords, le tout plus ou moins ponctué de rose clair ou de blanc.

Albida. — Les deux valves complètement blanches ; ce serait probablement l'*Ostrea pes-Lutræ* de Poli.

Marmorea. — Valve supérieure d'un rouge vermillon ou orangé, moucheté et marbré de blanc.

Fulgurata. — Valve supérieure d'un rouge ou d'un orangé plus ou moins vif, avec des lignes fulgurantes blanches, très étroites, droites et en zigzag, soulignées de rouge plus foncé.

Zonata. — Valve supérieure d'un rouge ou d'un orangé plus ou moins vif, avec des zones concentriques plus foncées, à bords mal limités.

Rapports et différences. — Le *Pecten clavatus*, avec sa petite taille, son galbe allongé, ses valves inégales, ses côtes claviformes, ses oreilles petites et inégales, son sinus nul, ne peut être confondu avec aucune des espèces que nous avons décrites jusqu'à présent.

(1) Poli, 1785. *Test. utr. Sicil.*, II, p. LXIII.

Habitat. — Le *Pecten clavatus* est essentiellement méditerranéen. Il vit plus particulièrement sur les côtes d'Italie, d'Espagne et de Portugal. On le trouve assez rarément sur les côtes de Provence. M. le professeur Marion a bien voulu nous communiquer deux individus dragués dans le golfe de Marseille et qui sont absolument conformes au type que l'on trouve dans le golfe de Naples ou en Sicile. Nous l'avons également reçu du golfe de Nice.

PECTEN FLEXUOSUS, Poli.

Ostrea flexuosa, Poli, 1785. *Test. utr. Sicil.*, II, p. 160, pl. XXVIII, fig. 11.
Pecten flexuosus, de Lamarck, 1819. *Anim. s. vert.*, VI, I, p. 178. — 1836. Edit. Deshayes, VII, p. 144. — Sowerby, 1847. *Thes. conch.*, p. 60, fig. 200 à 201, 203 à 204. — Hidalgo, 1870. *Moll. marin.*, pl. XXXII, fig. 3 à 7. — Locard, 1886. *Prodr. malac.*, p. 513. — Kobelt, 1887. *Prodr.* p. 432
— *polymorphus (pars)*, Philippi, 1836. *Enum. Moll. Sicil.*, p. 79, pl. V, fig. 18 et 20.
— *undulatus*, Sowerby, 1847. *Loc. cit.*, p. 60, fig. 205 à 207.

Historique. — Cette espèce, très bien décrite dans Poli, et assez répandue dans les collections, ne peut laisser subsister aucun doute au sujet de sa spécification. Malheureusement la figuration donnée par cet auteur laisse singulièrement à désirer et sous le rapport du trait et sous celui de la coloration. Il est même probable qu'après avoir bien décrit la forme que presque tous les auteurs désignent sous le nom de *Pecten flexuosus*, il a figuré une autre forme souvent confondue avec celle-ci et que de Lamarck a désignée sous le nom de *Pecten flagellatus*. Aussi préférons-nous à la figuration de Poli celles de Philippi, de Sowerby et d'Hidalgo.

Autour de l'*Ostrea flexuosa* on a cru devoir grouper d'autres formes affines, mais différentes: de là est venu le nom de *Pecten polymorphus* proposé par Bronn (1), pour des espèces vivantes et fossiles, et adopté par Philippi. Pareille manière de voir ne saurait être admise, car avec un peu d'attention il est toujours facile de classer et de séparer ces différentes formes, malgré les prétendus passages invoqués par Bronn.

Sowerby, pour cette espèce, a agi de la même manière que Poli pour l'espèce précédente. Suivant que le bord de la coquille était régulier ou développé d'une manière anormale, il a fait les *Pecten flexuosus* et *P. undulatus*. Cette dernière espèce n'est en somme qu'une manière d'être

(1) Bronn, *Ergebn. natur. Reise*, II, p. 627.

du *Pecten flexuosus*, occasionnée par un mode de croissance particulier tout comme l'*Ostrea inflexa* par rapport à l'*O. clavata*.

Description. — Coquille de taille assez petite, galbe général arrondi, déprimé, subéquivalve, subéquilatéral. — Région antérieure à peine un peu plus haute et un peu moins développée transversalement que la région postérieure; ligne apico-antérieure droite, s'arrêtant sensiblement à la moitié de la hauteur totale ; ligne apico-postérieure droite ou légèrement convexe, un peu plus longue et un peu plus tombante; bord inférieur très légèrement arrondi, à profil ondulé. — Sommets peu saillants, anguleux. — Oreilles subégales, assez grandes, longues, un peu hautes, à profil externe bien ondulé ; sinus byssal étroit et peu profond.

Valves légèrement et régulièrement bombées, la valve supérieure un peu moins bombée que la valve inférieure, avec le maximum de bombement reporté dans le voisinage des sommets. — Sur la valve supérieure, 5 côtes un peu confuses à leur naissance, devenant progressivement fortes, saillantes et bien arrondies à leur extrémité, vers le bord inférieur, les deux extrêmes peu fortes, souvent bifides, les trois autres subégales, un peu épanouies en forme de massue ; espaces intercostaux un peu plus larges que les côtes, à bords bien limités, légèrement méplans dans le fond. — Sur la valve inférieure, 6 côtes saillantes, obtuses à leur origine, puis arrondies sur leurs arêtes, un peu méplanes en dessus, fortement élargies vers le bord inférieur, les deux extrêmes petites, rarement bifides, les deux suivantes très rapprochées de ces dernières, les deux médianes plus fortes et bien espacées; espaces intercostaux un peu plus petits que l'épaisseur des côtes, arrondis dans le fond. — Intérieur reproduisant exactement le faciès externe, parfois avec des cordons très courts, un peu étroits, accusant les changements de direction dans la courbure des côtes et des espaces intercostaux, visibles seulement à la périphérie ; bord interne largement mais plus profondément crénelé. — Oreilles ornées de petites costulations rayonnantes, plus marquées sur la région antérieure, assez espacées, droites, peu saillantes, arrondies, dont deux ou trois sur le bourrelet supérieur.

Test mince, assez solide, subopaque, orné de petites costulations accusées surtout sur la valve inférieure, très fines, arrondies, peu régulières, assez espacées, parfois plus marquées sur les côtes que dans les espaces intercostaux, formant une frange sur le bord inférieur quand il est anormalement développé ; stries décurrentes extrêmement fines, également plus sensibles sur la valve supérieure que sur la valve inférieure, très rapprochées, assez régulières, passant en continuité sur toutes les côtes, se confondant avec les stries d'accroissement. — Coloration sensiblement la même sur les deux valves, mais toujours plus accusée sur la valve supérieure, d'un rouge plus ou moins vif, passant au rose, au brun, au jaune ou au blanc, tantôt monochrome, tantôt marbré ou maculé. — Intérieur nacré, participant le plus souvent de la coloration extérieure, devenant plus pâle dans la région des sommets.

Dimensions. — Hauteur, 20 à 28; largeur, 23 à 30; épaisseur, 6 à 8 millimètres.

Observations. — Nous venons de donner la description du type normal de cette espèce. Pour bien comprendre les variations si nombreuses qui peuvent se présenter chez le *Pecten flexuosus*, il importe de bien se rendre compte de son mode d'accroissement. Tant que la coquille est jeune, les deux valves sont à peine renflées et le bord inférieur reste tranchant. La croissance, jusque-là, s'est effectuée d'une manière régulière et progressive; les stries d'accroissement sont très fines, très rapprochées; à peine constate-t-on chez quelques individus de légers temps d'arrêt. Plus tard le bord inférieur s'épaissit légèrement et la coquille est adulte. Mais, chez bon nombre de sujets, l'accroissement continue encore; la coquille alors croît sur elle-même; elle ne s'allonge pas, elle se renfle, et ce renflement se produit de diverses manières. Tantôt il est régulier et procède, après un temps d'arrêt fortement accusé par une épaisse saillie, sur toute la périphérie. Tantôt, l'accroissement s'effectue uniquement sur le bord basal; alors les valves se recourbent régulièrement sous un angle un peu ouvert, et donnent à la coquille ce faciès de boîte indiqué par Poli; parfois au lieu d'être régulier ce mode d'accroissement éprouve des temps d'arrêt, et le bord de la boîte porte de un à cinq redents bien accusés; ajoutons que ce bord est toujours frangé et que les côtes tendent à y disparaître. Tantôt enfin, après la formation de cette saillie plus ou moins forte, l'accroissement reprend son cours normal, de telle sorte qu'il existe, au milieu ou au deux tiers de la hauteur d'une coquille de taille plus grande que les autres, un renflement bien accusé, simulant un accolement de deux coquilles de tailles différentes rapportées l'une sur l'autre. Toutes ces modifications dans l'allure du test sont visibles aussi bien en dedans qu'en dehors de la coquille.

Variétés. — Le type normal étant simple et régulier, on observe les variétés *ex forma* et *ex colore* suivantes :

Inflata. — Galbe régulièrement renflé dans tout son ensemble.

Pyxoidea. — Galbe en forme de boîte, avec un renflement plus ou moins fort dans la partie basale.

Duplicata. — Galbe affectant la forme de deux coquilles d'inégale grandeur exactement superposées.

Bifida. — Avec une ou deux côtes de la valve supérieure vaguement bifides.

Cinnabarina, Philippi (1). — D'un rouge vermillon, monochrome.

Crocea, Philippi. — D'un jaune safran, passant au blanc grisâtre ou jaunâtre sur la valve inférieure.

Badia, Philippi. — Bai brun, souvent un peu plus pâle dans la région des sommets.

Ferruginea, Phil. — D'un brun rouge, ferrugineux, un peu plus pâle sur la valve inférieure.

Flavescens, Phil. — D'un jaune plus ou moins vif sur les deux valves.

Lutea, Phil. — D'un blanc brillant ou d'un blanc grisâtre sur les deux valves.

Rosea. — D'un rose pâle, passant au blanc sur la valve inférieure.

Violacea. — D'un rose violacé tendre, passant au blanc sur la valve inférieure.

Punctata. — De toutes nuances, avec des points blancs.

Maculata. — De toutes nuances, avec des maculatures blanches, irrégulières.

Marmorea. — De toutes nuances et même parfois bicolores, avec des marbrures blanches.

Lineolata. — De nuance pâle, avec des lignes rayonnantes, étroites, blanchâtres.

Zonata. — De nuance foncée, avec des zones concentriques, assez larges, à bords mal définis.

Gasa, de Gregorio (2). — De petite taille, déprimée, brillante, lisse, avec les côtes un peu obsolètes, blanches, et les sommets jaunâtres.

Rapports et différences. — De toutes les espèces que nous venons d'é-

(1) Philippi, 1836. *Enum. Moll. Sicil.*, I, p. 88.

(2) De Gregorio, 1884-85. *Stud. tal. conch. medit. viv. foss.*, p. 185. Sous le nom de *var. alterninus*, le même auteur a décrit une forme qui nous paraît se rapporter au *Pecten flagellatus*.

tu lier, une seule peut être rapprochée du *Pecten flexuosus*, c'est le *Pecten clavatus*. On le distinguera de cette dernière espèce : à son galbe beaucoup plus arrondi, presque toujours un peu plus large que haut ; à son galbe plus régulier, plus équivalve et plus équilatéral ; à ses oreilles plus développées, plus longues surtout ; à ses côtes moins fortes, moins épanouies vers le bord inférieur, moins anguleuses vers les sommets ; à ses costulations moins fortes, moins régulières, non squameuses ; etc.

HABITAT. — Forme essentiellement méditerranéenne ; se trouve peu communément sur toutes nos côtes ; principalement sur les côtes de Provence, plus répandu en Italie et en Espagne.

PECTEN FLAGELLATUS, de Lamarck.

Ostrea plica (non Linné), Poli. 1785. *Test. utr. Sicil.*, II, p. 160, pl. XXVIII, fig. 2.
Pecten flagellatus, de Lamarck, 1819. *Anim. s. vert.*, VI, I, p. 167. — 1836. Edit. Deshayes, VII, p. 135. — Delessert, 1841. *Rec. coq.*, pl. X, fig. 4 et 7. — Sowerby, 1847. *Thes. conch.*, *Pecten*, p. 58, fig. 41 à 43.
— *isabella*, de Lamarck, 1819. *Loc. cit.*, p. 109. — 1836. Edit. Deshayes. *Loc. cit.*, p. 139. — Delessert, 1841. *Loc. cit.*, pl. X, fig. 5.
— *polymorphus (pars)*, Philippi, 1836. *Enum. Moll. Sicil.*, p. 79, pl. V, fig. 19 et 21 *(12 per error.)*
— *flexuosus*, Reeve, 1853. *Conch. Icon.*, *Pecten*, pl. XVI, fig. 61. — Hidalgo, 1870. *Moll. marin.*, pl. XXXV, fig. 5.
— *flexuosus (var. alterninus)*, de Gregorio, 1884-85. *Stud. conch. medit.*, p. 185.

HISTORIQUE. — Le *Pecten flagellatus*, quoique pourtant bien nettement caractérisé, a été presque toujours confondu soit avec le *Pecten flexuosus* (1), soit même, pour certaines variétés, avec le *Pecten glaber*. L'étude d'un nombre considérable d'échantillons appartenant à ces différentes espèces nous a définitivement conduit à les distinguer spécifiquement avec complète certitude.

Cette espèce a du reste été bien figurée par plusieurs auteurs, quoique sous des dénominations différentes. Si le dessin donné par Delessert laisse un peu à désirer pour la bonne compréhension de cette forme, nous citerons par contre les figurations de Philippi, de Sowerby, de Reeve et de Hidalgo comme étant très exactes, et montrant par leur ensemble le polymorphisme que l'on peut observer chez cette coquille.

Tel que nous comprenons le *Pecten flagellatus*, il faut, à notre avis, lui

(1) Kobelt, 1887. *Prodr.*, p. 432.

rattacher à titre de variété le *Pecten isabella* du même auteur, qui n'en diffère réellement que par une simple question de taille et de coloration.

Sous le nom d'*Ostrea plica*, Poli a figuré une forme qui se rapporte évidemment à l'espèce qui nous occupe. Mais comme ce même nom a été donné antérieurement par Linné (1) à une coquille de l'océan Indien, il n'est pas possible de conserver cette dénomination, quoiqu'elle soit antérieure à celle de de Lamarck. Quant à l'autre figuration donnée par Poli, nous croyons qu'il faut la rattacher à une variété du *Pecten flexuosus*.

Description. — Coquille de taille assez petite ; galbe général arrondi, déprimé, subéquivalve, subéquilatéral. — Région antérieure à peine un peu plus haute et un peu moins développée que la région postérieure ; ligne apico-antérieure droite, allongée, s'arrêtant un peu au-dessus de la moitié de la hauteur totale comptée à partir des sommets ; ligne apico-postérieure également droite, à peine un peu plus longue et plus tombante ; bord inférieur très largement arrondi, à profil légèrement ondulé. — Sommets anguleux, assez saillants. — Oreilles grandes, subégales, bien allongées, assez hautes, à profil externe ondulé, les antérieures plus longues que les postérieures ; sinus byssal un peu large et peu profond.

Valves légèrement bombées dans tout leur ensemble, avec le maximum de bombement presque médian, à peine amincies à la périphérie, la valve inférieure un peu plus épaisse que la valve supérieure. — Sur la valve supérieure 5 grosses côtes régulièrement et progressivement arrondies depuis leur naissance jusqu'à leur extrémité, les deux extrêmes étroites, parfois un peu confuses, les trois autres fortes, saillantes, bien arrondies ; entre ces côtes un second régime composé de 6 côtes plus petites, de même forme, équidistantes, les deux extrêmes tout à fait à la périphérie et juxtaposées avec les deux voisines, les autres au milieu des espaces intercostaux ; espaces intercostaux assez profonds, un peu méplans, sensiblement égaux à l'épaisseur des grosses côtes, de telle sorte que d'une grosse côte à l'autre, il existe un espace intercostal au moins deux fois plus grand que l'épaisseur d'une grosse côte recoupée au milieu par une petite côte. — Sur la valve inférieure 6 côtes aplaties bifides, rapprochées, mais nettement séparées par un sillon étroit et peu profond, peu saillantes, assez larges ; espaces intercostaux peu profonds, méplans, plus étroits que la paire de côtes avoisinante. — Intérieur forte-

(1) Linné, 1758. *Systema naturæ*, édit. X, p. 697.

ment ondulé, rappelant le profil extérieur, chaque changement de direction bordé par un étroit cordon peu saillant, atténué vers les sommets; bord basal assez fortement et régulièrement crénelé. — Sur les oreilles quelques costulations rayonnantes peu saillantes, arrondies, assez espacées, plus accusées sur l'oreille qui surmonte le sinus.

Test mince, solide, subopaque, orné de petites costulations longitudinales, plus accusées sur la valve supérieure que sur l'autre, arrondies, assez régulières, bien espacées, laissant entre elles un écartement égal à environ deux fois leur épaisseur; stries décurrentes extrêmement fines, mieux visibles sur la valve supérieure que sur la valve inférieure, assez régulières, très rapprochées, se confondant avec les stries d'accroissement; une ou deux stries plus fortes et beaucoup plus saillantes marquent un ou deux arrêts dans la croissance. — Coloration plus pâle sur la valve inférieure que sur l'autre; valve supérieure d'un fond grisâtre passant au roux, au fauve, au rose ou au violacé, rarement monochrome, le plus souvent avec des marbrures, des taches ou des linéoles blanches, brunes, ou roses. — Intérieur nacré, participant de la coloration extérieure.

Dimensions. — Hauteur, 25 à 33; largeur, 28 à 37; épaisseur, 8 à 10 millimètres.

Observations. — La croissance, chez le *Pecten flagellatus*, se fait toujours beaucoup plus régulièrement que chez les deux espèces précédentes; on ne voit pas de ces formes pyxoïdes aussi singulières; il semble que l'animal a suffisamment à dépenser pour arriver à se construire une demeure plus ornementée que celle de ses congénères du même groupe. On observe pourtant parfois un léger renflement du bord basal; au lieu d'être mince et tranchant, il s'épaissit légèrement en se creusant à l'intérieur, et sa tranche verticale est alors frangée comme celle du *Pecten clavatus*.

Parfois aussi les côtes de la valve inférieure sont moins nettement bifides; cette valve alors, à part sa taille, peut être confondue avec celle d'un jeune *Pecten glaber*; mais à l'intérieur, le test est toujours plus profondément ondulé, par suite de la moindre épaisseur de la coquille.

La disposition des petites côtes intermédiaires de la valve supérieure présente également quelques variations. Dans le type, les côtes des deux régimes sont respectivement subégales. Mais souvent, suivant les individus, les côtes secondaires varient; tantôt elles sont très petites, très étroites, peu saillantes en dehors, mais toujours bien accusées à l'intérieur par deux petits cordons très rapprochés; tantôt elles deviennent beaucoup plus grosses, mais sans atteindre la dimension des côtes du premier régime. Enfin elles sont parfois obsolètes au point de sembler faire défaut quant à l'extérieur; mais encore dans ce cas on en retrouve la trace dans les deux petits cordons accusés à l'intérieur de la valve.

La coloration est également très variable. Si quelques individus sont monochromes, la plupart des autres portent des marbrures et des maculatures qui leur donnent un faciès tigriné. On trouve parfois une variété intéressante, figurée par Delessert (fig. 7) et par Philippi (fig. 14) dans laquelle les stries longitudinales portent des linéoles également longitudinales d'un rose vif qui donnent à la coquille un aspect tout particulier.

Variétés. — Nous signalerons les *var. ex forma* et *ex colore* suivantes :

Minor. — De petite taille, ne dépassant pas 20 millimètres de hauteur.

Inflata. — D'un galbe un peu renflé, les deux valves régulièrement bombées dans tout leur ensemble.

Subæqualis. — De toutes tailles, avec les côtes de la valve supérieure subégales.

Quinquecostata. — Avec 5 grosses côtes seulement sur la valve supérieure.

Subbifida. — De toutes tailles, avec les côtes de la valve inférieure à peine bifides.

Subpyxoidea. — Avec les valves un peu creusées en forme de boîte, et le bord basal finement dentelé sur sa tranche verticale.

Grisea. — D'un gris pâle passant au rose tendre, ou au violet clair sur la valve supérieure, presque blanc sur la valve inférieure.

Lutea. — Valve supérieure d'un beau jaune clair.

Rosea. — Valve supérieure d'un rose tendre, un peu clair vers les sommets.

Violacea. — Valve supérieure d'un violet plus ou moins foncé, devenant plus clair vers les sommets.

Ferruginea. — Valve supérieure d'un brun très foncé, ferrugineux; la valve inférieure teintée en plus clair.

Punctata. — De toutes nuances, mais surtout grise ou fauve, avec des points bruns ou blancs, allongés dans le sens des côtes.

Maculata. — De toutes nuances, mais surtout grise ou fauve, avec des maculatures brunes ou blanches irrégulières.

Lineolata. — De toutes nuances, mais surtout gris ou fauve clair, avec des linéoles longitudinales roses ou blanches plus ou moins allongées, très étroites.

Marmorea. — De toutes nuances, avec des marbrures brunes, blanches ou fauve foncé, à bords bien limités.

Zonata. — De toutes nuances, et particulièrement dans les tons roses et violacés, avec des zones concentriques blanches, brunes ou de même nuance plus foncée, à bords un peu confus.

Isabella. — De petite taille, d'un beau rose vif, avec des marbrures blanches et rouges plus intenses. C'est le *Pecten isabella* de de Lamarck.

Rapports et différences. — Par son galbe arrondi, plus large que haut, par ses oreilles subégales, toujours grandes, par ses côtes non en forme de massue, le *Pecten flagellatus* se distinguera très facilement du *Pecten clavatus*.

Rapproché du *Pecten flexuosus* avec lequel on le confond souvent, on le reconnaîtra : à sa croissance beaucoup plus régulière ; à son ornementation de la valve supérieure portant un double régime de 5 à 6 côtes chacun ; à sa valve inférieure ornée de 5 grosses côtes bifides ; à son ornementation intérieure, avec des cordons saillants délimitant nettement toutes les ondulations ; à ses oreilles un peu plus grandes ; à son sinus byssal un peu accusé ; etc.

Enfin, si l'on rapproche le *Pecten flagellatus* du *Pecten glaber*, on le distinguera : à sa taille presque toujours beaucoup plus petite ; à ses côtes beaucoup moins larges, beaucoup plus saillantes, jamais écrasées ; à son test plus strié longitudinalement et transversalement ; à ses valves plus minces, plus creusées à l'intérieur et plus ornementées ; à sa coloration et à son ornementation ; etc.

Habitat. — Assez rare ; çà et là sur les côtes de Provence ; nous l'avons reçu de Cette, des environs de Marseille, de Toulon et de Cannes ; plus commun sur les côtes d'Espagne et d'Italie.

H. — Groupe du P. TIGRINUS

Le huitième groupe, ou groupe du *Pecten tigrinus*, renferme trois espèces exclusivement océaniques, de taille assez petite, avec le test lisse ou orné de costulations longitudinales plus ou moins fines, mais sans grosses côtes bien apparentes, des oreilles assez petites, très inégales, le sinus byssal assez accusé.

PECTEN TIGRINUS, Müller.

Pecten tigerinus (pro tigrinus), Müller, 1776. *Zool. Dan., Prodr.*, p. 248, n° 2993. — 1778. *Zool. Dan.*, p. 248, pl. LX, fig. 6 à 8.
— *tigrinus*, Reeve, 1858. *Icon. conch., Pecten*, pl. XXVIII, fig. 122, *b*. — Forbes et Hanley, 1853. *Brit. moll.*, II, p. 285, pl. LI, fig. 8, 10 et 11. — Sowerby, 1859. *Ill. ind.*, pl. IX, fig. 11. — Jeffreys, 1863-69. *Brit. conch.*, II, p. 65; V, p. 167, pl. XXIII, fig. 2, *a*. — Locard, 1886. *Prodr. malac. franç.*, p. 513.
— *obsoletus*, Pennant, 1767. *Brit. zool.*, IV, p. 87, pl. LXI, fig. 66. — Sowerby, 1847. *Thes. conch., Pecten*, I, p. 71, pl. XIV, fig. 79. — Brown, 1844. *Ill. conch.*, pl. XXIV, fig. 6. — Kobelt, 1887. *Prodr.*, p. 488.
— *parvus*, da Costa, 1778. *Brit. conch.*, p. 155.
Ostrea tigerina, Gmelin, 1789. *Syst. nat.*, édit. XIII, p. 3327.
Pecten domesticus, Chemnitz, 1795. *Conch. cab.*, XI, p. 261, pl. CCVIII, fig. 2031 à 2036.
Ostrea obsoleta, Maton et Racket, 1804. *In Trans. Lin. Soc.*, VIII, p. 101.

Historique. — S'il fallait toujours s'en tenir rigoureusement à la dénomination première telle qu'elle a été écrite par les auteurs, on devrait, comme l'a fait observer Jeffreys, écrire *Pecten tigerinus* et non *P. tigrinus*. Mais comme il convient de redresser les erreurs typographiques, les lapsus, ou les noms mal orthographiés, nous adopterons avec la plupart des naturalistes le nom de *Pecten tigrinus*.

Sous ce nom, les auteurs modernes ont réuni deux formes que les auteurs anciens avaient eu bien soin de distinguer, l'une ornée de petites côtes longitudinales plus ou moins fortes, avec ou sans intercallation de grosses côtes, l'autre complètement lisse ou à peine striée dans le bas. L'examen d'un grand nombre de bons spécimens de provenances bien diverses nous a conduit à maintenir cette distinction telle qu'elle avait été faite par Pennant.

Le *Pecten tigrinus*, tel que l'a compris Müller, se rapporte incontestablement à la forme la plus septentrionale, celle dont le test est toujours ou presque toujours plus ou moins costulé. Cette forme est très rare sur nos côtes, et ne vit qu'à de grandes profondeurs ; elle est constante dans l'ensemble de ses caractères, en ce sens que dès le jeune âge elle affecte la disposition des costulations qu'elle conservera toute sa vie. Au contraire, la forme *lævis* est notablement plus commune en France ; on la rencontre dans des milieux différents, toujours moins profonds, et si son test est parfois orné de quelques stries, celles-ci sont toujours beaucoup plus confuses et n'apparaissent que d'une manière en quelque sorte anormale, à la façon des franges du *Pecten flexuosus*.

Cette distinction étant admise, nous réunirons au *Pecten tigrinus* les *Pecten obsoletus* et *P. parvus*. Sous ce premier nom, Pennant a décrit et assez mal figuré la forme la plus costulée du *Pecten tigrinus*. Sowerby et Brown en conservant cette même dénomination en ont donné des figurations plus exactes. Quant au *Pecten parvus* de da Costa, quoiqu'il ne soit pas représenté dans l'atlas de cet auteur, la description qu'il en donne suffit pour justifier notre assertion.

Description. — Coquille de taille assez petite; galbe général subarrondi, un peu allongé dans le sens de la hauteur, très déprimé, subéquivalve, équilatéral. — Régions antérieure et postérieure très sensiblement égales, peu hautes, assez larges ; lignes apico-antérieure et postérieure presque égales, tombantes, le plus souvent légèrement concaves, atteignant environ aux trois septièmes de la hauteur totale; bord inférieur bien arrondi. — Sommets saillants,anguleux. — Oreilles très inégales, les postérieures très petites, presque atrophiées ; les antérieures allongées, celle de la valve inférieure un peu haute, celle de la valve supérieure à profil extérieur légèrement ondulé ; sinus byssal étroit et assez profond.

Valve inférieure un peu plus plate que la valve supérieure, toutes deux régulièrement bombées, avec le maximum de bombement un peu reporté vers la région des sommets, faiblement atténué vers le bord ; bord inférieur légèrement émoussé, finement strié à l'intérieur. — Sur les deux valves des côtes longitudinales droites, très fines, très rapprochées, subégales, un peu émoussées à leur origine, puis arrondies, enfin un peu aplaties en dessus à leur extrémité, irrégulièrement rapprochées, mais laissant entre elles des espaces intercostaux un peu plus étroits que leur épaisseur; avec de 3 à 7 côtes un peu plus saillantes et plus ou moins accusées, un peu moins fortes et un peu plus larges sur la valve inférieure que sur la valve supérieure. — Intérieur orné de stries longitudinales obsolètes, devenant nulles vers les sommets et rappelant par leur disposition et leur mode de groupement l'ornementation extérieure; bord interne très finement et régulièrement frangé ; sur les oreilles, des côtes rayonnantes fortes et saillantes, très rapprochées, peu nombreuses, découpant le bord à son extrémité.

Test un peu mince, solide, subopaque, peut brillant, orné sur chaque valve d'un réseau chagriné à grains très fins, formé par des stries longitudinales très rapprochées, très fines, interrompues, courtes, un peu flexueuses, recoupées par des stries décurrentes concentriques de même grosseur, presque aussi rapprochées ; stries d'accroissement parfois très accusées, indiquant sur le test plusieurs temps d'arrêts irréguliers dans l'accroissement. — Coloration un peu plus pâle sur la valve inférieure que sur l'autre, d'un rouge-brique plus ou moins foncé, rarement monochrome, passant au jaune roux et surtout au violacé, le tout fondu, marbré ou tigriné ; intérieur nacré, brillant, d'un rose violacé.

Dimensions. — Hauteur, 18 à 25; largeur, 17 à 23; épaisseur, 7 à 8 millimètres.

Observations. — Le *Pecten tigrinus* des mers du Nord présente quelques variations dans sa taille et dans son galbe. Comme l'a fait observer Jeffreys (1), on trouve des individus plus larges que hauts ; de même, les jeunes individus sont parfois plus allongés que les sujets adultes ; mais cette dernière remarque n'est pas toujours exacte.

L'allure du test est très variable chez les individus bien adultes, le bord inférieur reste toujours un peu tranchant, mais les valves se creusent dans tout leur ensemble. L'ornementation est toujours polymorphe. Partant de la forme la plus simple, celle chez laquelle toutes les côtes sur les deux valves sont régulières, subégales, fines et rapprochées, nous arriverons au type le plus irrégulier, celui dans lequel il n'y a pour ainsi dire pas deux côtes pareilles. Entre ces deux formes extrêmes, on trouve toute une série de formes intermédiaires chez lesquelles on compte de 3 à 11 côtes, un peu saillantes, assez larges, plus ou moins distinctes, alternant toujours avec d'autres côtes très fines, comme dans le type. Parfois, enfin, chez quelques rares individus, ces côtes, au nombre de trois à cinq, deviennent plus saillantes, laissent entre elles des espaces intercostaux un peu profonds, ornés de petites costulations, et donnent à la coquille un faux aspect du *Pecten clavatus*.

(1) Jeffreys, 1863. *Brit. conch.*, II, p. 65.

Variétés. — D'après ce que nous venons de dire on peut établir les *var. ex forma* et *ex colore* suivantes.

Striata. — Avec toutes les côtes régulières, subégales, sans grosses côtes.

Costulata. — Avec de trois à onze grosses côtes plus ou moins bien marquées et ses espaces intercostaux plus profonds.

Clavata. — Avec de trois à cinq grosses côtes élargies du bout, laissant entre elles des espaces intercostaux profonds.

Elata. — D'un galbe notablement plus élargi que le type.

Rubiginosa. — D'un rouge vineux, plus foncé vers les sommets qu'à la périphérie.

Violacea — D'un beau violet dans la région des sommets, passant au rouge-bai vers les bords.

Rosacea. — D'un rouge terne, tantôt plus foncé, tantôt violacé vers les sommets.

Subalbida. — D'un gris rosé plus ou moins pâle, presque blanc vers les sommets.

Marmorea. — De toutes teintes, avec de larges marbrures d'un roux terne ou d'un roux clair.

Tigrina. — De toutes teintes, avec des taches tigrées plus foncées ou plus claires, très irrégulièrement disséminées.

Zonata. — De toutes teintes, avec deux ou trois zones concentriques plus foncées, à bords confus.

Rapports et différences. — Avec le galbe de ses valves, avec son test si particulièrement chagriné, cette espèce ne peut être confondue avec aucune de celles dont nous nous sommes occupé jusqu'à présent.

Habitat. — Rare; zone abyssale des côtes de l'Océan atlantique. Nous en avons vu un bon échantillon dans la collection du musée de Nantes, faisant partie de l'ancienne collection Cailliaud; on en a également dragué quelques valves en dehors du bassin d'Arcachon et dans le golfe de Gascogne.

PECTEN LÆVIS, Pennant.

Pecten lævis, Pennant (1), 1767. *Brit. zool.*, édit. IV, t. IV, p. 102. — Montagu, 1805. *Test, Brit.*, p. 150 et 579, pl. IV, fig. 1. — Brown, 1844. *Ill. conch.*, p. 72, pl. XXIV, fig. 7.

Ostrea lævis, Maton et Rackel, 1804. *In Trans. Linn. Soc.*, VIII, p. 100, pl. III, fig. 5. — 1845, édit. Chenu, p. 158, pl. XV, fig. 4.

Pecten obsoletus (pars), Turton, 1822. *Dithyra Brit.*, p. 213, pl. IX, fig. 6. — Sowerby, 1847. *Thes. conch.*, *Pecten*, p. 71, pl. XIV, fig. 74-75.

— *tigrinus (pars)*, Forbes et Hanley, 1863. *Brit. moll.*, II, p. 285, pl. LI, fig. 9. — Reeve, 1853. *Icon. conch.*, pl. XXVIII, fig. 122, a — Sowerby, 1859. *Ill. ind.* pl. IX, fig. 11. — Jeffreys, 1863-69. *Brit. conch.*, II, p. 65; V, p. 167, pl. XXII, fig. 2, 6. — Locard, 1886. *Prodr. malac. franç.*, p. 513.

— *armoricanus*, Chenu. *Ill. conch.*, *Pecten*, pl. XXXIX, fig. 1 à 3.

Historique. — Comme nous l'avons exposé dans l'historique de l'espèce précédente, nous avons été conduit par une étude attentive et comparative de nos types océaniques français avec d'autres formes plus septentrionales, à maintenir cette espèce créée par Pennant, et que la plupart des auteurs modernes ont réunie au *Pecten tigrinus*. Quoique ces deux formes aient un galbe très voisin, leur mode d'ornementation est tellement différent qu'il importe de pouvoir nettement les distinguer.

Description. — Coquille de taille assez petite; galbe général arrondi, très déprimé, subéquivalve, équilatéral. — Régions antérieure et postérieure très sensiblement égales, peu hautes, assez larges; lignes apico-antérieure et postérieure presque droites ou très légèrement concaves, atteignant aux trois septièmes de la hauteur totale; bord inférieur largement arrondi. — Sommets saillants, anguleux. — Oreilles inégales, les postérieures très petites, presque atrophiées; les antérieures allongées, celle de la valve inférieure assez haute, profondément échancrée; celle de la valve supérieure à profil extérieur légèrement ondulé; sinus byssal étroit et peu profond.

Valve supérieure un peu plus creusée que la valve inférieure, toutes deux régulièrement bombées jusqu'à la périphérie, avec le maximum de bombement presque médian, sans aucune costulation. — Intérieur orné de quelques stries longitudinales extrêmement fines, irrégulières, discontinues, irrégulièrement espacées, s'étendant presque jusque sous les sommets; bords inférieurs émoussés, finement striés. Sur les oreilles

(1) *Non Pecten (Pleuronectia) lævis*, Jeffreys, 1873. *In Rep. Brit. Assoc. London*, p. 113.

des costulations transversales rayonnantes, grosses, arrondies, subégales, venant découper les bords externes.

Teste mince, solide, subopaque, brillant, orné sur chaque valve d'un réseau chagriné à grains très fins, formé par des stries longitudinales très rapprochées, très fines, courtes, interrompues, un peu flexueuses, recoupées par des stries décurrentes concentriques de même grosseur, presque aussi rapprochées ; stries d'accroissement rares mais parfois très accusées, apportant quelquefois une modification dans la manière d'être du test qui devient alors longitudinalement et très finement costulé depuis le dernier arrêt jusqu'à la périphérie. — Coloration presque égale sur les deux valves, d'un rouge-brique passant au rose pâle ou au violet foncé, rarement monochrome, le plus souvent à teintes fondues, marbrées ou tigrinées. — Intérieur nacré, brillant, d'un rose plus ou moins violacé.

Dimensions. — Hauteur, 35 à 38; largeur, 34 à 37; épaisseur, 7 à 8 1/2 millimètres.

Observations. — Ainsi que nous venons de l'expliquer, chez cette espèce, le test est normalement privé de toutes costulations; il est brillant quoique chagriné comme dans l'espèce précédente. Mais parfois, à un moment donné, chez quelques individus, il se produit dans l'accroissement un temps d'arrêt plus ou moins long; après cette suspension de développement, l'accroissement reprend en apportant au test une modification sensible; le test se couvre alors de costulations fines, rapprochées, toujours régulières et subégales, analogues à celle du *Pecten tigrinus*, mais sans jamais offrir, comme dans cette espèce, soit des côtes irrégulières, soit de grosses côtes alternant avec les petites. Cette modification dans la manière d'être du test, lorsqu'elle a lieu, se produit toujours au-delà du milieu du développement. Elle est très exactement représentée dans l'atlas de Wood (1), à propos d'un type fossile du Crag d'Angleterre. Ajoutons que le plus ordinairement les valves sont complètement lisses sans aucune trace de costulation, et cela même chez des individus de très grande taille; lorsque l'extérieur est frangé, l'intérieur ne paraît pas modifié.

Variétés. — Nous avons observé les variétés suivantes :

Subcostulata. — Avec des costulations accidentelles sur la périphérie de la coquille.

(1) S. W. Wood, 1850. *Mon. Crag. Moll.*, II, pl. V, fig. 2, *a*.

Elongata. — De toutes tailles, mais généralement de taille assez petite, et d'un galbe un peu plus allongé.

Minor. — De même galbe ou d'un galbe un peu plus allongé, ne dépassant pas 15 à 16 millimètres de hauteur.

Rubiginosa. — D'un rouge un peu violacé, irrégulièrement nuancé de teintes plus foncées.

Violacea. — D'un beau violet foncé vers les sommets, passant au brun ou au rouge vers les bords.

Rosacea. — D'un rose terne passant aux roux fauve ou au violacé vers les bords.

Radiata. — De toutes teintes avec quelques rayons plus foncés, plus ou moins fortement marqués.

Zonata. — De toutes teintes avec deux ou trois zones concentriques à bords mal définis et de teinte plus foncée.

Marmorea. — De toutes teintes avec de larges marbrures blanches, fauves ou brunes.

Tigrina. — De toutes teintes, avec des taches tigrées plus claires ou plus foncées.

Rapports et différences. — Comparé au *Pecten tigrinus*, le *P. lævis* se distingue toujours facilement : à sa taille généralement plus grande (surtout sur les côtes de France); à son galbe plus bombé dans son ensemble, figurant exactement des castagnettes; à son bord inférieur notablement plus émoussé chez les sujets de même âge; à l'absence complète de toutes costulations longitudinales, et si celles-ci apparaissent, c'est uniquement à la base et elles sont toujours beaucoup plus régulières; etc.

Habitat. — Peu commun; dans la zone des Laminaires, sur les côtes de la Manche et de l'Océan : nous en avons reçu deux très bons types bien complets récoltés sur les côtes de la Loire-Inférieure par M. E. Nicollon, du Croisic. Il en existe plusieurs bons échantillons dans la collection Cailliaud, au musée de Nantes; on en a également recueilli avec la drague en dehors du bassin d'Arcachon et dans le golfe de Gascogne.

PECTEN STRIATUS, Müller.

Pecten striatus, Müller, 1776. *Zool. Dan., Prodr.*, p. 248. — 1788. *Zool. Dan.*, II, p. 26, pl. LX, fig. 3 à 5. — Forbes et Hanley, 1853. *Brit. moll.*, II, p. 281, pl. LI, fig. 1 et 4; pl. V, fig. 2. — Sowerby, 1859. *Ill. ind.*, pl. IX, fig. 15. — Jeffreys, 1863-69. *Brit. conch.*, II, p. 69; V, pl. 167, pl. XXIII, fig. 4. — Hidalgo, 1870. *Moll. marin.*, pl. XXXV A, fig. 7. — Locard, 1886. *Prodr. malac. franç.*, p. 511. — Kobelt, 1887. *Prodr.*, p. 438.
Pallium vitreum (pars), Chemnitz, 1784. *Conch. cab.*, VII, p. 335, pl. LXVII, fig. 637, *b*, *c*.
Ostrea fuci, Gmelin, 1789. *Syst. nat.*, édit. XIII, p. 3327.
Pecten aculeatus, Jeffreys, 1838. *Conch. and malac. Magaz.*, I, p. 40. — Sowerby, 1847. *Thes. conch.*, *Pecten*, I, p. 71, pl. XIII, fig. 47.
— *Landsburgi*, Smith. *In mem. Werner. Soc.*, VIII, p. 106, pl. II, fig. 2. — Brown, 1844. *Ill. conch.*, p. 73, pl. XXV, fig. 8.
— *rimulosus*, Philippi, 1844. *Enum. Moll. Sicil.*, II, p. 60, pl. XVI, fig. 4.

Historique. — Forbes et Hanley sont les premiers auteurs qui aient donné une exacte synonymie de cette élégante espèce. Indiquée d'abord par Müller sous le nom de *Pecten striatus*, elle avait été postérieurement décrite à nouveau par Jeffreys sous le nom de *Pecten aculeatus* et par Smith et Brown sous celui de *Pecten Landsburgi*. L'identification de ces trois dénominations ne peut laisser subsister aucun doute.

Sous le nom de *Pallium vitreum*, Chemnitz a décrit et figuré deux formes différentes, l'une (fig. 637, *a*) est le véritable *Pecten vitreus*; l'autre (fig. 637, *b*, et *c*), d'une ornementation absolument différente, se rapporte à notre espèce.

Quant à l'*Ostrea fuci* de Gmelin, c'est bien évidemment la même espèce, puisque l'auteur donne comme référence l'ouvrage de Müller avec sa figuration. Gmelin n'avait donc aucune raison pour modifier la désignation spécifique déjà donnée par Müller.

A cette synonymie déjà assez longue, Forbes et Hanley ont ajouté, avec un point de doute, celle du *Pecten rimulosus* de Philippi, espèce fossile dont la figuration présente en effet une certaine analogie avec celle du *Pecten striatus*. M. le marquis de Monterosato a depuis confirmé cette identification dans son étude sur les fossiles des monts Pellegrino et Ficarazzi (1). Forbes et Hanley citent encore comme synonyme le *Pecten spinosus* de Johnston (2); mais cette forme nous est encore inconnue.

(1) De Monterosato, 1852. *Not. conch. fossili monte Pellegrino e Ficar.*, p. 21.
(2) Johnston. *In Trans. Berwick. nat. club.*

Description. — Coquille de taille assez petite; galbe général subarrondi, un peu allongé, très déprimé, subéquivalve, très sensiblement équilatéral. — Région antérieure à peine un peu moins haute et un peu moins développée que la région postérieure; lignes apico-antérieure et postérieure presque droites ou très légèrement concaves, atteignant environ aux deux cinquièmes de la hauteur totale; bord inférieur mince, tranchant, arrondi, bien retroussé à ses deux extrémités. — Sommets saillants, assez anguleux. — Oreilles très inégales; les deux postérieures très petites, très courtes, à profil très oblique; les deux antérieures très allongées : celle de la valve inférieure plus longue mais plus étroite que celle de la valve supérieure, toutes deux à profil arrondi-ondulé; sinus byssal très large, assez profond.

Valve inférieure à peine un peu plus plate que la valve supérieure, toutes deux régulièrement bombées, avec le maximum de bombement reporté au premier tiers de la hauteur totale à partir des sommets, puis lentement et progressivement atténué jusqu'à la périphérie. — Valve supérieure ornée de costulations rayonnantes très fines, visibles surtout à la loupe, très régulière, un peu confuses à l'origine, très faiblement élargies à leur extrémité, légèrement arrondies, subégales, laissant entre elles des espaces intercostaux plus larges que leur épaisseur, couverts d'imbrications ordinairement très peu saillantes dans le milieu de la coquille, plus accusées dans les régions antérieure et postérieure, assez espacées, équidistantes. — Sur la valve inférieure même ornementation, mais plus obsolète, souvent réduite, surtout au voisinage des sommets, à de simples stries. — Intérieur presque complètement lisse, à peine orné de quelques striations méplanes, obsolètes, s'étendant des sommets à la base, plus ou moins discontinues, très espacées; bord inférieur très finement dentelé à l'intérieur. — Sur les oreilles de la valve inférieure, des costulations transversales rayonnantes, assez fortes, très rapprochées; sur la grande oreille de la valve supérieure, même mode d'ornementation que sur le reste de la valve, avec les imbrications un peu plus accusées.

Test très mince, fragile, transparent, brillant, un peu chatoyant, orné sur la valve supérieure de stries longitudinales très fines, très courtes, inégales, très rapprochées, droites, mais interrompues entre les costulations méplanes, puis de plus en plus obliques et allant d'une costulation à l'autre, s'écartant en sens inverse par rapport à l'axe longitudinal de la coquille; sur la valve inférieure même mode d'ornementation. — Coloration un peu plus foncée sur la valve supérieure que sur l'autre, d'un roux pâle, passant au rouge brique, rarement monochrome, le plus souvent marbré, tigriné ou pointillé de blanc, de fauve ou de roux. — Intérieur légèrement nacré, participant à la coloration extérieure.

Dimensions. — Hauteur, 16 à 18; largeur, 14 à 16; épaissseur, 3 1/2 à 4 millimètres.

Observations. — Cette jolie petite coquille présente, dans son mode d'ornementation, quelques particularités intéressantes à relever. Sa valve inférieure offre en effet des variations assez nombreuses et qu'il importe de signaler. Tantôt son ornementation est absolument semblable à celle de la valve supérieure, si ce n'est que les imbrications sont moins fortes, surtout dans le milieu et au voisinage des sommets. Parfois aussi, les costulations rayonnantes font complètement défaut et il ne subsiste plus que les stries, de telle sorte que l'on peut croire que la coquille est ornée comme celle de certains *Propeamussium*, c'est-à-dire avec les deux valves absolument différentes. Mais il existe des états intermédiaires dans lesquels la périphérie, sur une largeur plus ou moins grande, porte seule des costulations rayonnantes, avec des imbrications squameuses plus ou moins obsolètes, tandis que le reste de la coquille est uniquement strié.

Quoi qu'il en soit, la disposition des stries sur les deux valves est très particulière, par suite de la façon dont elles se relèvent de chaque côté par rapport à l'axe vertical de la coquille, à mesure que l'on se rapproche de plus en plus de la partie supérieure des régions antérieure et postérieure. Nous ne voyons une telle disposition ornementale chez aucune autre espèce.

Il importait de bien comparer les formes méditerranéennes aux types océaniques. M. le professeur Marion a bien voulu nous communiquer les échantillons dragués par lui dans le golfe de Marseille, et ils nous paraissent absolument conformes à nos types d'Angleterre et de Norvège; un de ces échantillons mesure 15 millimètres de hauteur, et a des aspérités très saillantes; sa couleur est d'un blanc pâle un peu rosé.

La taille est en général assez variable; nous avons donné les dimensions de nos formes françaises, mais Jeffreys (1) parle d'individus qui atteignent un pouce de longueur et neuf dixièmes de pouce de largeur.

(1) Jeffreys, 1863. *Brit. conch.*, II, p. 70.

Variétés. — Chez cette espèce, on observe surtout des variations dans la coloration.

Major, Jeffreys. — Coquille de même galbe, mais de grande taille.

Irregularis, Jeffreys. — Avec le bord palléal contourné ; c'est plutôt une anomalie qu'une variété ; on la rencontre encore assez fréquemment.

Subcostulata. — Avec la valve inférieure presque sans costulations ni imbrications.

Luteola. — D'un jaune pâle, souvent monochrome sur la valve inférieure, teinté de rose terne sur la valve supérieure.

Albida. — Presque complètement blanc, mais d'un blanc terne, grisâtre.

Rosea. — D'un roux pâle, passant des teintes claires un peu jaunâtres au rouge fauve.

Rubiginosa. — D'un rouge-brique plus ou moins foncé.

Violacea. — D'un violet un peu terne sur les bords, plus vif dans la région des sommets.

Cornea. — D'un corné pâle sur la valve inférieure, passant au roux ou au jaune sur la valve supérieure.

Marmorea. — De toutes teintes, avec une ou deux valves marbrées de blanc, de fauve ou de corné plus ou moins foncé.

Tigrina. — De toutes teintes, avec une ou deux valves tigrées de blanc ou de roux plus foncé que le reste du test.

Punctata. — De toutes teintes, avec une ou deux valves finement ponctuées de blanc ou de corné pâle ou de rose. C'est le mode d'ornementation si bien représenté dans la figuration grossie de l'atlas de Müller.

Radiata. — De toutes teintes, avec une ou deux valves marbrées, tigrées ou ponctuées, portant de trois à cinq rayons radiants plus pâles et simulant de grosses côtes.

Zonata. — De toutes tailles, avec une ou deux valves ornées de deux à trois zones concentriques plus foncées, à bords confus.

Rapports et différences. — On peut surtout rapprocher le *Pecten striatus* du *P. tigrinus ;* mais on le distinguera facilement : à son galbe un peu plus allongé ; à son test plus mince, plus fragile ; à ses valves moins creusées dans tout leur ensemble, et surtout près des bords ; à son bord inférieur plus tranchant ; à ses oreilles plus inégales ; enfin et surtout à son mode d'ornementation si particulièrement caractéristique.

Habitat. — Rare ; faune abyssale de la Méditerranée et de l'Océan. Outre les échantillons provenant de la collection de la Faculté des sciences de Marseille dont nous avons parlé, nous avons reçu en communication plusieurs individus très bien caractérisés, provenant de la collection du musée de Nantes, récoltés sur les côtes de la Loire-Inférieure.

I. — Groupe du P. HYALINUS

Le neuvième groupe, ou groupe du *Pecten hyalinus*, renferme des coquilles petites, aux valves subégales, au galbe déprimé, au test brillant, hyalin, orné de côtes obsolètes, et le plus souvent de stries de plus en plus fines, avec des oreilles inégales et un sinus peu marqué. Leur habitat est variable; quelques-uns font déjà partie des zones profondes. Nous comptons dans ce groupe sept espèces dont quelques-unes sont encore fort rares.

PECTEN HYALINUS, Poli.

Ostrea hyalina, Poli, 1795. *Test. utr. Sicil.*, II, p. 159, pl. XXVIII, fig. 6.
Pecten pellucidus, Payraudeau, 1826. *Moll. Corse*, p. 77.
— *succineus*, Risso, 1826. *Hist. nat. Eur. merid.*, IV, p. 297, fig. 158.
— *pulcherrimus*, Risso, 1826. *Loc. cit.*, p. 298, fig. 157.
— *hyalinus*, Philippi, 1836. *Enum. moll. Sicil.*, I, p. 40. — Sowerby, 1845. *Thes. conch.*, *Pecten*, I, p. 58, pl. XVIII, fig. 66-67. — Reeve, 1853. *Icon. conch.*, *Pecten*, pl. XXXII, fig. 146. — Hidalgo, 1870. *Moll. marin.*, pl. XXXIV, fig. 3, 4. — Kobelt, 1887. *Prodr.*, p. 433.

Historique. — Cette élégante petite coquille, comme la plupart des espèces suivantes, ne paraît pas avoir été connue bien anciennement. Nous n'en retrouvons pas d'indications dans Linné. Poli paraît être le premier auteur qui l'ait décrite et figurée. Payraudeau l'a bien recueillie en Corse, mais il lui donne le nom de *Pecten pellucidus*, Lamarck (1). Or cette espèce n'est par exactement connue. De Lamarck lui rapporte, avec un point de doute, il est vrai, une figuration de Poli (2), qui paraît être un *Pecten opercularis*.

Risso a décrit, sous les noms de *Pecten succineus* et *P. pulcherrimus*, deux variétés qu'il nous est impossible de séparer du type de Poli, après avoir examiné les types mêmes de l'auteur. C'est du reste une espèce aujourd'hui bien connue, et dont on trouve chez les auteurs de bonnes figurations. Nous citerons celles de Sowerby, de Reeve et d'Hidalgo.

(1) De Lamarck, 1817. *Anim. s. vert.*, VI, I, p. 176. — 1836. Édit. Deshayes, VII, p. 151.
(2) Poli, 1785. *Test. utr. Sicil.*, II, pl. XXVII, fig. 7.

Description. — Coquille de taille assez petite; galbe général transversalement ovalaire, un peu court, assez comprimé, sensiblement équivalve et équilatéral. — Région postérieure un peu plus arrondie que la région antérieure; ligne apico-antérieure presque droite ou légèrement concave, atteignant sensiblement aux deux cinquièmes de la hauteur totale; ligne apico-postérieure un peu plus allongée et plus tombante; bord inférieur très largement elliptique, le plus souvent à peine ondulé. — Sommets un peu anguleux, à angles bien ouverts, peu saillants. — Oreilles inégales, grandes, allongées, les antérieures un peu plus grandes que les postérieures, frangées, à profil bien ondulé; sinus byssal peu large, assez profond.

Valves un peu bombées; valve supérieure parfois un peu moins renflée que la valve inférieure, avec le maximum de bombement au tiers de la hauteur totale à partir des sommets. — Sur chaque valve 14 à 15 côtes peu saillantes, un peu confuses à leur origine, assez larges à leur extrémité, le plus souvent un peu aplaties en dessus, laissant entre elles des espaces intercostaux un peu plus petits que l'épaisseur des côtes, et à fond méplan. — Intérieur légèrement ondulé, avec chaque changement de direction des côtes marqué par un petit cordon continu, très étroit, devenant obsolète dans la région des sommets; bord inférieur légèrement crénelé. — Oreilles antérieures ornées de petites costulations rayonnantes un peu espacées, irrégulières, plus fortes sur l'oreille inférieure, frangées au bord; oreilles postérieures très finement striées (1).

Teste mince, pellucide, très brillant, orné de petites costulations longitudinales très fines, très peu saillantes, assez espacées, peu régulières, souvent obsolètes, et des stries concentriques extrêmement fines, se confondant avec les stries d'accroissement. — Coloration presque la même sur les deux valves, passant du gris un peu clair, moucheté de blanc et de brun, au jaune d'ambre ou au brun très foncé. — Intérieur nacré à peu près de même couleur que l'extérieur.

Dimensions. — Hauteur, 18 à 23; largeur 20 à 26; épaisseur, 6 à 8 millimètres.

Observations. — Chez cette espèce, la manière d'être du test est très polymorphe. Parfois, surtout chez la variété *succinea*, il paraît complète-

(1) Risso prétend que chez son *Pecten succineus*, les oreilles sont très lisses; c'est une erreur évidente, car chez presque tous les sujets que nous avons examinés, nous avons constaté, au contraire, que l'oreille postérieure était toujours plus ou moins fortement plissée.

ment lisse et est en effet très brillant ; en même temps les côtes longitudinales s'affaissent au point qu'il devient presque impossible de les compter avec quelque certitude. Parfois, au contraire, comme par exemple chez le type moucheté, à fond grisâtre, tel qu'il est figuré dans l'atlas de Poli, non seulement les côtes sont beaucoup plus saillantes, mais elles sont accompagnées soit de stries longitudinales assez fortes, visibles seulement sur les côtes, soit de petites costulations supplémentaires intercostales assez prononcées. Enfin, nous avons vu un échantillon provenant de Palerme et faisant partie de la collection du Muséum de Paris, chez lequel les stries décurrentes sont extrêmement fines, extrêmement rapprochées, mais assez profondément burinées pour donner aux deux valves, non plus un facies brillant, mais un aspect chatoyant tout particulier. Ajoutons que chez cet individu les côtes sont peu saillantes et que sa coloration est d'un brun très foncé.

Si nous n'avions pas suivi toutes ces variations sur une centaine d'échantillons, nous aurions été volontiers tenté d'admettre au moins deux espèces : l'une à test lisse ou presque lisse, l'autre à test plus ou moins costulé ; mais ici le polymorphisme est absolument évident ; il est impossible de séparer ces différentes formes qui, du reste, ont exactement le même galbe.

VARIÉTÉS. — En prenant pour type la forme décrite et figurée par Poli, c'est-à-dire celle qui est d'une teinte grisâtre mouchetée de blanc et de brun, avec des côtes saillantes, nous instituerons les variétés suivantes :

Lævigata. — Test presque lisse, avec les côtes très effacées, obsolètes.

Striata. — Avec des stries ou de très fines costulations soit sur les côtes, soit entre les espaces intercostaux.

Quinquecostata. — Avec cinq côtes plus marquées que les autres, et parfois diversement colorées.

Undaticolor. — Avec les stries concentriques très accusées, donnant à ce test un facies moiré, chatoyant.

Succinea (Risso). — D'un beau jaune ambré, sans taches ni maculatures.

Ferruginea. — D'un brun rougeâtre très foncé, monochrome.

Albida. — Presque complètement blanche.

Luteola. — D'un jaune très pâle, le plus souvent avec quelques légères maculatures blanchâtres.

Maculata.— De toutes teintes, avec des maculatures brunes ou blanches.

Marmorea. — De teinte très foncée, avec des marbrures blanches ou rougeâtres.

Pulcherrima, Risso. « — De couleur fauve, très joliment variée de noir, de pourpre et de blanc. »

Niveoradiata, de Gregorio (1). — De toutes nuances, avec des rayons blancs.

Habitat. — Assez commun, sur toutes les côtes de la Provence.

Rapports et différences. — Le *Pecten hyalinus* ne peut être confondu avec aucune des espèces que nous venons d'examiner; on le distingue toujours : à sa petite taille; à son galbe nettement ovalaire dans le sens de la largeur; à ses costulations et à son ornementation toutes particulières; à sa coloration; etc.

PECTEN SIMILIS, Laskey.

Pecten similis, Laskey, 1811. *In Mém. Verner. soc.*, I, p. 387, pl. VIII, fig. 8. — Forbes et Hanley, 1853. *Brit. moll.*, II, p. 293, pl. LII, fig. 6; pl. S, fig. 1. — Brown, 1844. *Ill. conch.*, p. 73, pl. XXV, fig. 5, 6. — Sowerby, 1859. *Ill. ind.*, pl. IX, fig. 14. — Jeffreys, 1863-68. *Brit. conch.*, II, p. 71; V, p. 168, pl. XXIII, fig. 3. — Kobelt, 1887. *Prodr.*, p. 437.

Ostrea tumida, Turton, 1819. *Conch. Diction.*, p. 132.

Pecten tumidus, Turton, 1822. *Dithyra Brit.*, 212, pl. XVII, fig. 3. — Sowerby, 1847. *Thes. conch.*, *Pecten*, p. 57, pl. XIII, fig. 27 à 29. — Brown, 1844. *Ill. conch.*, p. 73.

— *pygmæus*, Philippi, 1844. *In Zeitsch. Malac.*, p. 103 (*non* Münster).

— *Foresti*, Martin, 1857. *In Journ. conch.*, VI, p. 167. — Gay, 1858. *Cat. moll. Var*, p. 65.

Historique. — Cette élégante petite coquille a été découverte pour la première fois par le capitaine Laskey qui en donna, en 1811, la description et la figuration d'après la valve droite seulement. Mais cette dénomination paraît avoir passé inaperçue, car Turton, huit ans après, la désigna sous le nom d'*Ostrea tumida*, nom qu'elle conserva, jusqu'à ce que Forbes et Hanley, en 1853, démontrassent l'identité de ces deux formes. Quelques auteurs, pourtant, ont cru devoir les maintenir toutes les deux. C'est ainsi que Brown, par exemple, donne la description et la figuration du *Pecten similis* et reproduit à la suite la diagnose et la description du *Pecten tumidus* empruntées à Turton. Quoique la figure donnée par ce

(1) De Gregorio, 1884-85. *Stud. conch. medit. viv. foss.*, p. 183.

dernier auteur représente une coquille plus inéquilatérale que ne l'est en somme le véritable *Pecten similis*, nous ne pensons pas qu'il faille la séparer du type de Laskey.

Qu'est-ce que le *Pecten pygmæus* de Philippi ? Nous l'ignorons encore, ne connaissant cette forme que d'après sa description. Il est incontestable qu'elle est au moins très voisine du *P. similis*, si elle n'est pas identique. Tous les auteurs paraissent d'accord pour réunir ces deux espèces (1). Il est probable qu'il convient de lui adjoindre, comme l'a fait Philippi, le *Pecten squama* de Scacchi (2). Ainsi l'ont fait Weinkauff, Aradas et Benoît. Pourtant Wood (3) n'indique qu'avec un point de doute le *Pecten pygmæus*, dans sa synonymie du *Pecten similis* et ne parle pas du *Pecten squama*.

Quant au *Pecten Foresti*, cité d'abord sans description, par Martin, dans le *Journal de conchyliologie*, puis ensuite décrit par lui, dans le catalogue de M. Gay, c'est incontestablement la forme méditerranéenne de notre *Pecten similis*, avec son même galbe et sa même ornementation. Enfin M. le marquis de Monterosato (4) a encore réuni à cette espèce le *Pecten pullus* de Cantraine (5), qui vit dans la Méditerranée et se trouve à l'état fossile dans les collines du Plaisantin. N'ayant pu nous procurer cette forme, nous nous en rapportons à la parfaite compétence de notre savant confrère.

Description. — Coquille de petite taille ; galbe général arrondi, comprimé, subéquilatéral, sensiblement subéquivalve. — Région antérieure à peu près aussi haute mais un peu plus développée que la région postérieure ; lignes apico-antérieure et postérieure droites ou très légèrement concaves en leur milieu, s'arrêtant à peu près à la moitié de la hauteur totale ; bord inférieur largement elliptique. — Sommets assez saillants, à angles très ouverts. — Oreilles subégales, assez grandes, avec bord externe très faiblement ondulé, les antérieures un peu plus hautes et un peu plus longues que les postérieures ; sinus byssal très petit.

Valves légèrement bombées, avec le maximum de bombement reporté dans le voisinage des sommets, régulièrement atténuées dans leur

(1) Weinkauff, 1867. *Conch. Mittelm.*, I, p. 264. — Aradas et Benoit, 1870. *Conch. marina Sicila*, p. 100. — De Monterosato, 1872. *Not. conch. foss. monte Pellegrino*, p. 21. — 1875. *Nuova Revista conch. medit.*, p. 8.

(2) Scacchi, 1835. *Not. conch. Gravina*, p. 30.

(3) Wood, 1850. *Monogr. Crag mollusca*, II, p. 25.

(4) De Monterosato, 1880. *In Bull. malac. ital.*, VI, p. 51.

(5) Cantraine, 1836. *Diagn. esp. nov.*, p. 24.

ensemble, minces et tranchants à la périphérie, sans aucune côte longitudinale; la valve inférieure à peine un peu moins comprimée que la valve supérieure. — Intérieur lisse, avec quelques stries longitudinales extrêmement fines, discontinues, irrégulièrement réparties, peu visibles. Oreilles presque lisses, à peine quelques stries rayonnantes plus saillantes sur l'oreille antérieure de la valve inférieure; dans le haut, un bourrelet plus saillant.

Test très mince, fragile, papyracé, transparent, paraissant lisse et brillant, orné de stries concentriques extrêmement fines, visibles seulement à l'aide d'une forte loupe, un peu plus accusées sur la valve supérieure, très rapprochées, assez régulières, parfois avec quelques courtes lignes radiantes, peu profondes partant des sommets et exclusivement dans leur voisinage. — Coloration d'un roux très pâle, rarement monochrome, le plus souvent avec des maculatures brunes et blanches diversement disposées sur la valve inférieure. — Intérieur nacré, d'un blanc légèrement teinté.

Dimensions. — Hauteur, 6 à 9; largeur, 7 à 10; épaisseur, 2 à 2 1/2 millimètres.

Observations. — Le *Pecten similis* varie peu dans son allure, quels que soient les milieux où on l'observe. Parfois, même lorsque la coquille est bien adulte, le bord inférieur est si mince qu'en se desséchant il se replie en dedans sur l'une des valves, de telle sorte qu'au premier abord on croirait avoir affaire à une coquille à valves de dimensions inégales.

Dans la diagnose donnée par M. le Dr Kobelt (1), nous relevons la phrase suivante : « *Valva sinistra majore, dextram circumcludente.* » C'est un fait complètement erroné, ainsi qu'il est facile de s'en convaincre lorsque l'on étudie des échantillons d'un bon état de conservation. Comme nous l'expliquerons également à propos du *Pecten groenlandicus*, chez lequel M. le Dr Kobelt relève les mêmes caractères, le bord de la valve inférieure s'infléchit sur sa périphérie basale par suite de son peu d'épaisseur, de façon à s'appliquer exactement contre la paroi interne de la valve supérieure, mais sans être pour cela le moins du monde plus petite.

Nous avons, dans notre description, parlé de la présence de quelques stries dans l'intérieur; ces stries ne se voient pas dans tous les échantillons;

(1) Kobelt, 1887. *Prodr.*, p. 437.

elles sont ordinairement situées sur les côtés et dans le voisinage des sommets; elles affectent une grande irrégularité; parfois elles se tradui-sent sous forme de rides un peu courtes, assez rapprochées, très inégales comme grosseur et surtout comme longueur.

M. le professeur Marion a bien voulu nous communiquer des valves draguées par ses soins dans le golfe de Marseille; nous les avons com-parées avec d'autres sujets dragués par M. le marquis de Folin, dans le golfe de Gascogne; tous ces échantillons nous paraissent identiques.

VARIÉTÉS. — A part une seule variété *ex forma*, nous ne connaissons chez cette espèce que des *var. ex colore*.

Elata. — Galbe élargi transversalement, se rapprochant ainsi de la forme figurée par Turton, sous le nom de *O. tumida*.

Alba. — Coquille complètement blanche.

Luteola. — D'un jaune très pâle, rarement monochrome.

Maculata. — Jaune ou fauve très pâle, avec des maculatures brunes et blanches.

Radiata. — Jaune ou fauve très pâle, avec des maculatures disposées sous forme de trois à cinq rayons étroits, simulant des côtes.

Hypogramma. — Jaune ou fauve pâle, avec les maculatures disposées en forme de zigzags droits ou ondulés, très étroits.

HABITAT. — Assez rare; dans la région aquitanique et sur les côtes de Provence, dans les eaux profondes.

PECTEN INCOMPARABILIS, Risso.

Pecten incomparabilis, Risso, 1826. *Hist. nat. Eur. mérid.*, IV, p. 302, fig. 154. — Locard, 1886. *Prodr. malac. franç.*, p. 515.
— *vitreus*, Risso (*non* Chemnitz), 1826. *Loc. cit.*, p. 303, fig. 156.
— *Testæ*, Bivona, *in* Philippi, 1836. *Enum. moll. Sicil.*, I, p. 81, pl. V, fig. 17. — ? Jeffreys, 1863-69. *Brit. conch.*, II, p. 67; V, p. 167, pl. XXIII, fig. 3. — Hidalgo, 1870. *Moll. marin.*, pl. XXXV, A, fig. 8 à 10. — Kobelt, 1887. *Prodr.*, p. 437.
— *striatus (pars)*, ? Forbes et Hanley, 1853. *Brit. moll.*, pl. XI, fig. 2.
Palliolum incomparabilis, de Monterosato, 1884. *Nom. conch. medit.*, p. 5.
Chlamys Testæ, Fischer, 1886. *Man. conch.*, p. 944.

HISTORIQUE. — Sous les noms de *Pecten incomparabilis* et *P. vitreus*, Risso a décrit et assez mal figuré deux formes qui se rattachent incontes-tablement à la même espèce. Le nom de *vitreus* faisant confusion avec une autre forme dont nous aurons à nous occuper plus loin, celui d'*incom-*

parabilis doit seul être conservé. Ainsi que l'a démontré M. le marquis de Monterosato, c'est cette même forme que Philippi a décrite et figurée sous le nom de *Pecten Testæ*, Bivona.

Plusieurs auteurs allemands, notamment Weinkauff (1) et M. le Dr Kobelt (2) ont rattaché au *Pecten incomparabilis (P. Testæ)* les *P. aculeatus* de Sowerby (3) et *P. furtivus* de Lovèn. Il est à remarquer que le *Pecten incomparabilis* est une forme plus particulièrement méditerranéenne, tandis que les deux autres espèces sont éminemment septentrionales; en outre le véritable *Pecten incomparabilis* a des côtes lisses, tandis que les *Pecten aculeatus* et *P. furtivus* ont des côtes imbriquées; nous estimons qu'il faut ou les rattacher au *Pecten striatus*, ou les considérer comme des espèces distinctes mais du même groupe, et certainement différentes du véritable *Pecten incomparabilis*. Pourtant M. le marquis de Monterosato a signalé une « *var. a raggi leggermente imbricati* » (4) du *Pecten incomparabilis* de la Méditerranée. N'ayant pas pu comparer notre sujet avec ces différents types, nous avons jugé prudent de nous abstenir jusqu'à plus définitive information.

Description. — Coquille de petite taille; galbe général orbiculaire, déprimé, très sensiblement équivalve et équilatéral. — Régions antérieure et postérieure assez hautes, régulièrement développées, subégales; lignes apico-antérieure et postérieure légèrement concaves, atteignant environ aux deux cinquièmes de la hauteur totale à partir des sommets; presque également tombantes; bord inférieur bien arrondi. — Sommets anguleux, assez saillants. — Oreilles inégales, un peu petites, peu hautes; les antérieures plus longues et plus hautes que les postérieures, à profil externe ondulé, celle de la valve inférieure bien arrondie; les postérieures courtes, à profil externe très oblique; sinus byssal large et peu profond.

Valves peu bombées, avec le maximum de bombement un peu au-dessus du centre, régulièrement atténuées à la base, aiguës et tranchantes à la périphérie, sans aucune côte; la valve inférieure à peine un peu moins bombée que la valve supérieure. — Intérieur absolument lisse. — Oreilles ornées comme le reste du test; sur l'oreille antérieure de la valve inférieure, quelques stries rayonnantes plus fortes, assez espacées; dans le haut un bourrelet peu saillant.

(1) Weinkauff, 1867. *Conch. Mittelm.*, I, p. 268.
(2) Kobelt, 1887. *Prodr.*, p. 438.
(3) *Pecten aculeatus*, Sowerby, 1847. *Thes. conch.*, *Pecten*, I, p. 71. pl. XIII, fig. 47.
(4) De Monterosato, 1884. *Nom. conch. médit.*, p. 6.

Test très mince, fragile, transparent, d'un aspect brillant, orné sur les deux valves d'un réseau extrêmement fin, visible à la loupe seulement et formé par des stries longitudinales fines, droites, courtes, très rapprochées, recoupées par des stries décurrentes concentriques encore plus fines et plus rapprochées, ces dernières plus accusées sur la valve supérieure que sur la valve inférieure ; stries décurrentes assez marquées. — Coloration passant du blanc jaunâtre au rose et au rouge orangé, ordinairement monochrome, le plus souvent avec des marbrures blanches et rouges plus foncées, la valve supérieure plus chaudement colorée que la valve inférieure. — Intérieur nacré participant de la coloration extérieure.

Dimensions. — Hauteur, 12 à 14 ; largeur, 11 1/2 à 14 ; épaisseur, 2 1/2 à 3 millimètres.

Observations. — Cette espèce ayant été souvent confondue avec d'autres d'un faciès plus ou moins hyalin, comme le sien, il importe d'examiner attentivement son mode d'ornementation. Celui-ci n'est visible qu'à l'aide d'une forte loupe. Les stries longitudinales sont toujours plus fortes que les stries décurrentes ; elles sont droites et paraissent s'arrêter aux stries d'accroissement pour reprendre ensuite avec un léger changement de direction ; dans le milieu elles sont droites, mais sur les côtés elles s'infléchissent de plus en plus en affectant une courbure en sens inverse du contour extérieur de la coquille. Les stries décurrentes sont très fines, très rapprochées et passent par dessus les autres de façon à les découper légèrement. Chez certaines variétés du *Pecten striatus* de l'Océan, nous retrouvons une ornementation similaire, mais alors elle n'existe que sur la valve supérieure et jamais sur la valve inférieure.

Le *Pecten incomparabilis*, tel que nous l'avons décrit, est une forme méditerranéenne, caractérisée non seulement par son profil, mais encore par la manière d'être de son test. Jeffreys semble comprendre autrement cette espèce, puisqu'il la représente avec des côtes imbriquées, visibles sur le test de la valve supérieure. N'est-ce point là une erreur, et ce savant auteur n'a-t-il pas confondu avec le véritable *Pecten Testæ*, soit une variété du *Pecten striatus*, soit une autre forme ? Ni Risso, ni Philippi ne font mention de ce mode d'ornementation si particulier. On remarquera que Philippi, dans sa description, a soin de dire : « *Costarum nullum vestigium nisi in auricula postica valvulæ inferioris. Lineæ elevatæ in facie interna nulla.* » La figuration agrandie est bien d'accord avec le texte.

Jeffreys observe que son espèce n'est pas toujours imbriquée, et qu'il a étudié une cinquantaine d'individus du *Pecten Testæ.* Nons en avons examiné un moins grand nombre, il est vrai, mais les trente-cinq ou quarante échantillons méditerranéens qui ont passé sous nos yeux sont tous totalement dépourvus de côtes et d'imbrication; nous devons même avouer que nous n'avons pas encore vu de véritables *Pecten incomparabilis* des côtes océaniques. C'est sur les indications de différents auteurs que nous l'avons signalé dans notre *Prodrome*, sur ces côtes.

En dehors de ce type, et à titre de *var. elongata*, nous signalerons une forme océanique que nous devons à l'extrême obligeance de M. le marquis de Folin. Nous désignons sous ce nom une coquille de très petite taille, d'un galbe ovalaire, sensiblement plus renflé que le type méditerranéen, et dont l'ornementation nous paraît absolument semblable à celle que nous venons de décrire. Nous en avons reçu deux échantillons provenant de dragages opérés dans le golfe de Gascogne. Le plus grand individu ne mesure que 6 millimètres de haut sur 5 de largeur.

Variétés. —En dehors de la forme océanique que nous avons désignée sous le nom de *var. elongata*, nous n'avons pas observé d'autres variétés *ex forma* chez cette jolie petite coquille; ses variations, dans la Méditerranée, ne paraissent porter que sur la taille. Nous signalerons les variétés *ex colore* suivantes que nous avons remarquées sur des échantillons français (1).

Aurantiaca. — D'un beau rouge orangé, un peu plus pâle sur les bords.

Succinea. — D'un jaune ambré un peu clair, monochrome.

Violacea. — D'un rouge violacé un peu pâle, monochrome.

Rosea. — D'un rose pâle, rarement monochrome, le plus souvent marbré ou maculé.

Grisea. — D'un gris jaunâtre ou rosé, un peu pâle, le plus souvent avec des marbrures ou des maculatures; c'est la forme *vitrea* de Risso.

Albida. — D'un blanc hyalin, à peine coloré.

Maculata. — De toutes teintes, avec des maculatures blanches ou brunes, à contours mal définis.

(1) Voici quelles sont les variétés signalées par Philippi pour les échantillons de la Sicile: 1° *sanguinea, maculis, pallidis, marmorata;* 2° *flavida maculis magnis rufo-sanguineis;* 3° *vinacea fascia mediana lata angulata, alba;* 4° *pallide carnea;* 5° *aurantia;* 6° *sulfurea;* 7° *lactea apice rubello;* 8° *hyalina lineis sub angulo acuto sese secantibus lacteis elegantissime reticulata;* 9° *hyalina, lineis longitudinalibus striata.*

Marmorea. — De toutes nuances, avec des marbrures à bords tranchés, blanches ou brunes.

Radiata. — D'un rose plus ou moins foncé, avec de trois à cinq lignes rayonnantes simulant des côtes, constituées par de fines marbrures.

Rapports et différences. — Parmi les espèces que nous avons déjà étudiées, nous ne pouvons rapprocher le *Pecten incomparabilis* que du *P. similis.* On le distinguera facilement : à sa taille plus grande, à son galbe plus régulier, moins élargi transversalement ; à son test moins fragile ; à ses oreilles un peu plus grandes ; enfin à son mode d'ornementation si caractéristique.

Puisque, comme nous l'avons dit, on peut également rapprocher le *Pecten incomparabilis* du *Pecten striatus*, dont la valve supérieure présente un mode d'ornementation similaire, on le reconnaîtra : à sa taille plus petite ; à son test plus solide, plus épais ; à son galbe un peu moins allongé ; à ses oreilles plus subégales ; à son bord inférieur moins tranchant ; enfin à son mode d'ornementation qui est toujours le même sur les deux valves.

Habitat. — Zone coralligène des côtes de Provence dans la Méditerranée, et dans le golfe de Gascogne.

PECTEN VITREUS, Chemnitz.

Pallium vitreum, Chemnitz, 1782. *Conch. cab.*, VII, p. 335, pl. LXVII, fig. 637, *a.*
Pecten vitreus, Gmelin, 1789. *Syst. nat.*, édit. XIII, p. 3328. — Sowerby, 1847. *Thes. conch.*, I, p. 71, pl. XIV, fig. 86-87. — Jeffreys, 1869. *Brit. conch.*, V, p. 168, pl. XLVIII, fig. 6. — G. O. Sars, 1878. *Moll. arct. Norv.*, p. 21, pl. II, fig. 5. — Locard, 1886. *Prodr. malac. franç.*, p. 515. — Kobelt, 1887. *Prodr.*, p. 139.
— *Gemmellari-filii*, Biondi, 1857. *Mém.*, II, p. 6, fig. 3.
Palliolum vitreum, de Monterosato, 1884. *Nom. conch. medit.*, p. 7.

Historique. — Quoique connue depuis plus d'un siècle, cette petite espèce doit avoir été souvent confondue avec d'autres formes hyalines du même groupe. Jeffreys et G.-O. Sars l'ont décrite avec la plus grande exactitude, en donnant des figurations très agrandies de la manière d'être toute particulière de son test.

Sur l'autorité de M. le marquis de Monterosato (1), nous avons joint à

(1) De Monterosato, 1884. *Nom. conch. medit.*, p. 7.

notre synonymie celle du *Pecten Gemmellari-filii*, de Biondi, qui ne nous est connue que par la description et la figuration de l'auteur.

Cette identification du *Pecten vitreus* des mers du Nord avec le *Pecten Gemellari-filii* de la Méditerranée, avait déjà été faite par Jeffreys (1) dès 1867. Weinkauff l'a confirmée l'année suivante (2) et M. de Monterosato la maintient non seulement pour la forme vivante, mais encore pour la forme fossile de Ficarazzi (3).

Enfin, comme nous l'avons vu précédemment, Risso a donné ce même nom de *Pecten vitreus* à une autre forme méditerranéenne qui ne nous paraît pas susceptible d'être séparée spécifiquement de son *Pecten incomparabilis*.

Nous avons pris comme terme de comparaison des échantillons provenant de Berghen en Norvège, que M. Sparre Schneider de Tromsö a eu l'extrême complaisance de nous procurer.

Description. — Coquille de petite taille; galbe général arrondi, ou longitudinalement à peine ovalaire, déprimé, subéquivalve, subéquilatéral. — Région postérieure un peu plus étroite et un peu plus haute que la région antérieure; ligne apico-antérieure droite ou légèrement convexe, courte, un peu plus tombante et un peu plus allongée que la ligne apico-postérieure, celle-ci droite ou un peu concave, arrivant sensiblement aux deux cinquièmes de la hauteur totale à partir des sommets; bord inférieur étroitement arrondi, bien retroussé à ses deux extrémités. — Sommets un peu saillants, anguleux. — Oreilles subégales; les postérieures égales entre elles, très courtes, peu hautes, à bord externe oblique; les antérieures très allongées, inégales, celles de la valve supérieure plus étroites et à bord bien arrondi; sinus byssal très large et peu profond.

Valves un peu bombées dans leur ensemble, avec le maximum de bombement reporté dans la région des sommets, atténuées à la périphérie, avec le bord inférieur mince et tranchant, sans aucune côte; la valve inférieure très sensiblement aussi bombée que la valve supérieure. — Intérieur complètement lisse. — Sur l'oreille antérieure de la valve inférieure quelques stries concentriques inégales, peu espacées.

(1) Jeffreys, 1869. *Brit. moll.*, V, p. 168.

(2) Weinkauff, 1870. *In Bullet. malac. italiano*, III, p. 35.

(3) De Monterosato, 1852. *Notizie int. alle conch. fossili di monte Pellegrino e Ficarazzi*, p. 21. — Le *P. Gemellari-filii* a été également indiqué comme fossile aux environs de Messine par Seguenza (*Notizie*, p. 25, 32).

Test mince, papyracé, pellucide, un peu hyalin, d'aspect brillant orné de stries longitudinales rayonnantes, très fines, courtes, droites, très rapprochées, portant de petites imbrications squameuses arrondies, mamelonnées, équidistantes, assez espacées, régulièrement distribuées longitudinalement et concentriquement, facilement caduques, visibles surtout à la périphérie et sur les côtés; stries décurrentes concentriques presque nulles; stries d'accroissement à peine marquées, très rapprochées. — Coloration d'un blanc hyalin à peine teinté de roux très pâle. — Intérieur des valves blanc nacré.

Dimensions. — Hauteur, 9 à 10 1/2; largeur, 9 à 10; épaisseur, 3 millimètres.

Observations. — Il existe chez le *Pecten vitreus* quelques particularités remarquables et sur lesquelles il est bon d'insister. Chez cette espèce, le bord apico-postérieur a plutôt une tendance à être convexe au lieu d'être droit ou concave comme chez les autres *Pecten;* en outre, par suite du développement en hauteur des oreilles postérieures, il n'existe pas, à proprement parler, d'angle dans cette région ; le bord postérieur est continu et à peine légèrement convexe ou rectiligne depuis le haut de l'oreille jusqu'à la naissance du bord basal. La région antérieure est au contraire toute différente : elle est très inéquivalve par suite de la disposition des oreilles. L'oreille de la valve inférieure est toujours très étroite, très largement encochée et à bord externe bien arrondi, tandis que celle de la valve supérieure est au contraire beaucoup plus large et à bord à peine ondulé. Enfin l'ornementation granuleuse est toujours plus accusée sur les oreilles que sur le restant de la coquille.

A propos de cette ornementation, on constatera que les granulations ne sont pas uniquement établies à l'intersection des stries concentriques et des stries longitudinales; ces stries forment un réseau à mailles beaucoup plus rapprochées. Les granulations sont toujours sur ces intersections, mais tout en étant disposées concentriquement, elles laissent entre elles de trois à quatre stries concentriques, et à peu près autant de stries longitudinales.

On remarquera que sous le même nom de *Pecten vitreus*, Chemnitz a figuré et décrit deux formes bien distinctes. L'une, la figure *a*, est le véritable *Pecten vitreus*, tel qu'on l'admet aujourd'hui; l'autre, figures *b* et *c*, comme l'a fait observer Jeffreys, se rapporterait plutôt au *Pecten striatus*.

Variétés. — Les dimensions que nous avons indiquées plus haut ont été prises sur des échantillons français. On remarquera qu'ils sont tous plus petits que les formes indiquées par Chemnitz et par G.-O. Sars. Ce dernier auteur assigne à son type 18 millimètres de hauteur. Par ce seul fait, nos échantillons constitueraient une var. *minor*.

Souvent les granulations sont plus ou moins effacées, nous avons vu des échantillons qui n'en produisaient qu'une seule rangée sur le bord; on pourrait donc établir de ce chef une var. *sublævigata*.

Nous n'avons pas observé de variations bien notables dans le mode de coloration. Il existe cependant des individus complétement hyalins, sans aucune trace de maculatures brunes ; ce sera notre *var. albida*.

Rapports et différences. — Avec son mode d'ornementation concentrique, cette jolie petite espèce est toujours facile à distinguer. Parfois, cependant, lorsque les échantillons sont mal conservés on peut les confondre soit avec de jeunes *Pecten hyalinus*, soit avec les *Pecten similis* et *P. incomparabilis*. Rapproché du *Pecten incomparabilis*, on distinguera le *Pecten vitreus :* à sa taille beaucoup plus petite; à son galbe notablement moins transverse; à ses oreilles toujours beaucoup plus inégales; à son test non seulement orné d'une tout autre manière, mais complètement dénué de toute trace de côtes longitudinales; etc.

Comparé au *Pecten similis*, on le distinguera : à son galbe plus allongé, toujours moins transverse; à ses oreilles encore plus inégales; à ses sommets plus acuminés, plus saillants; à ses valves plus bombées; à la manière d'être de son test; etc.

Enfin rapproché du *Pecten incomparabilis*, on le reconnaîtra: à son galbe plus régulièrement arrondi, moins allongé; à ses lignes apico-anricure et postérieure moins tombantes; à son angle au sommet plus ouvert; à son contour de la région antérieure; à ses oreilles un peu moins allongées, surtout les postérieures; enfin au mode d'ornementation de son test.

Habitat. — Rare; dans la zone abyssale et des laminaires de la région aquitanique, et des côtes de Provence.

PECTEN ABYSSORUM, Lovèn.

Pecten abyssorum, Lovèn, 1838. *In* G. O. Sars. *Moll. arct. Norv.*, p. 22, pl. II, fig. 6. — Locard, 1886. *Prodr. malac. franç.*, p. 516. — Kobelt, 1887. *Prodr.*, p. 431.
— *vitreus (var. abyssorum)*, Jeffreys, 1880. *In Ann. nat. hist.*, 5ᵉ sér., VI, p. 315. — Verrill, 1881. *In Trans. Connect. Acad.*, V, p. 581, pl. XLII, fig. 21.

Historique. — Cette rarissime espèce a été décrite et figurée pour la première fois par G.-O. Sars. Peut-être avait-elle été déjà observée antérieurement et confondue avec le *Pecten vitreus*, car elle est un peu moins rare sur les côtes de la Scandinavie que dans nos régions.

Plusieurs auteurs, notamment Jeffreys et M. le marquis de Monterosato ont considéré cette forme comme étant une simple variété du *Pecten vitreus*. Quoique ces deux espèces soient incontestablement très voisines, on peut cependant les séparer assez nettement, et avec G.-O. Sars, nous les maintenons toutes les deux.

Description. — Coquille de petite taille; galbe général arrondi ou transversalement à peine ovalaire, déprimé, équivalve, subéquilatéral. — Région postérieure notablement plus haute que la région antérieure; ligne apico-postérieure à peine marquée, par suite de la presque continuité du test au voisinage de l'oreille; ligne apico-antérieure presque droite ou légèrement concave, un peu allongée, arrivant environ aux deux cinquièmes de la hauteur totale à partir des sommets; bord inférieur bien arrondi; sommets saillants, un peu anguleux. — Oreilles inégales; celles de la région postérieure très courtes, peu hautes, formant un profil continu, à peine saillant sur le bord postérieur; celles de la région antérieure inégales, un peu allongées : celle de la valve inférieure assez étroite, à profil externe bien arrondi, échancré largement dans le bas; celle de la valve supérieure haute, à profil très légèrement ondulé; sinus byssal large et peu profond.

Valves peu bombées, avec le maximum de bombement reporté dans la région des sommets, régulièrement atténuées jusqu'à la périphérie, avec le bord mince et tranchant, sans aucune côte; la valve supérieure très sensiblement aussi bombée que la valve inférieure. — Intérieur lisse et brillant. — Sur l'oreille antérieure de la valve inférieure quelques costulations rayonnantes peu fortes, un peu granuleuses, assez espacées; sur les autres oreilles quelques stries peu marquées, irrégulières, un peu ondulées.

Test mince, fragile, pellucide, hyalin, d'un aspect un peu brillant, orné de stries longitudinales rayonnantes très fines, courtes, droites, très rapprochées, subégales; stries décurrentes concentriques très fines, très peu marquées, assez espacées, se confondant avec les stries d'accroissement et délimitant la longueur des stries longitudinales. — Coloration d'un blanc hyalin uniforme. — Intérieur des valves blanc nacré.

Dimensions. — Hauteur, 9 à 10; largeur, 9 à 9 1/2; épaisseur, 3 à 3 1/4 millimètres.

Observations. — Comme chez le *Pecten vitreus*, il existe chez le *Pecten abyssorum* une grande disproportion dans les oreilles. Les antérieures sont toujours très petites, peu hautes, tendant à se confondre avec le reste de la coquille, et donnant dans le haut un profil à peine concave; les postérieures bien inégales, celle de la valve inférieure notablement plus étroite et plus profondément échancrée que l'autre. Quant au mode d'ornementation du test, il n'est visible qu'à l'aide d'une forte loupe. Cette espèce est très exactement figurée dans l'atlas de M. G.-O Sars.

Comme l'a très bien dessiné cet auteur, l'ornementation de la grande oreille de la valve inférieure est plutôt constituée de côtes radiantes, peu saillantes il est vrai, tandis que chez le *Pecten vitreus*, sur cette même oreille ce sont les accroissements concentriques qui paraissent dominer; c'est tout au plus si dans le haut on distingue une ou deux lignes de petits tubercules peu saillants.

Rapports et différences. — Le *Pecten abyssorum* est très voisin du *Pecten vitreus*. Pourtant la différence qui existe entre le mode d'ornementation de ces deux espèces nous paraît justifier suffisamment leur distinction spécifique. Outre ce mode d'ornementation, on distinguera encore le *Pecten abyssorum* : à son galbe plus transversalement arrondi; à son bord inférieur plus large; à son profil de la région postérieure plus étroit, plus droit; à ses oreilles moins allongées, celles de la région postérieure plus courtes, moins profondément échancrées; à l'angle des sommets un peu plus ouvert; etc.

On peut encore le rapprocher du *Pecten similis* et du *Pecten incomparabilis*; mais on le reconnaîtra toujours : à son galbe plus arrondi, moins allongé que celui du *Pecten incomparabilis*, moins large que celui du *Pec-*

ten similis; à ses oreilles plus courtes, beaucoup plus inégales ; au profil si caractéristique de sa région postérieure ; à son mode d'ornementation ; à sa coloration toujours hyaline ; etc.

HABITAT. — Très rare ; dans la zone abyssale du golfe de Gascogne. Quoiqu'elle vive également dans la Méditerranée, nous ne croyons pas qu'elle ait encore été pêchée dans le voisinage de nos côtes. Quant à l'identification des formes italiennes avec celles de la Scandinavie, elle a été faite par M. le marquis de Monterosato (1).

PECTEN GROENLANDICUS, Sowerby.

Pecten Groenlandicus, Sowerby, 1847. *Thes. conch.*, I, p. 57, pl. XIII, fig. 40. — G. O. Sars, 1878. *Moll. reg. arc. Norv.*, p. 23, pl. II, fig. 4. — Locard, 1886. *Prodr. malac. franç.*, p. 516. — Kobelt, 1887. *Prodr.*, p. 432.

HISTORIQUE. — Le *Pecten Groenlandicus*, très bien décrit et figuré par Sowerby et surtout par G.-O. Sars, est une des espèces les plus typiques de ce groupe. Il présente, du reste, plusieurs particularités des plus caractéristiques.

DESCRIPTION. — Coquille de petite taille ; galbe général transversalement arrondi, très déprimé, équivalve, presque équilatéral. — Région antérieure très sensiblement aussi haute et aussi développée que la région postérieure ; lignes apico-antérieure et postérieure sensiblement subégales, un peu concaves, peu tombantes, arrivant aux deux cinquièmes de la hauteur totale ; bord inférieur très largement arrondi, un peu elliptique. — Sommets peu saillants, très légèrement anguleux. — Oreilles subégales ; celles de la région postérieure un peu longues, assez hautes ; celles de la région antérieure inégales, allongées, assez hautes : celle de la valve inférieure à profil arrondi, puis un peu échancrée en dessous ; celle de la valve supérieure à profil ondulé et un peu rentrant ; sinus byssal assez large, mais peu profond.

Valves peu bombées, avec le maximum de bombement reporté dans la région des sommets, très régulièrement atténuées jusqu'à la périphérie, sans aucune côte, mais avec quelques légers méplans donnant parfois à la surface un faciès un peu irrégulier, surtout à la périphérie ; bord

(1) De Monterosato, 1880. *In Bullet. malac. Ital.*, VI, p. 51.

inférieur très mince, très tranchant, la valve inférieure très sensiblement aussi bombée que la valve supérieure. — Intérieur lisse et brillant. — Sur l'oreille antérieure de la valve inférieure, quelques côtes transversales arrondies, peu saillantes, irrégulières; les autres ornées comme les valves.

Test très mince, fragile, pellucide, hyalin, brillant, orné de petites stries longitudinales extrêmement fines, courtes, irrégulières, un peu flexueuses, assez espacées, discontinues, et de quelques stries décurrentes concentriques très peu distinctes, à peine marquées, inégalement réparties. — Oreilles un peu plus fortement striées, avec des lignes d'accroissement concentriques plus accusées sur l'oreille postérieure de la valve supérieure. — Coloration d'un blanc hyalin uniforme. — Intérieur blanc nacré.

Dimensions. — Hauteur, 10 à 11 ; largeur, 10 1/2 à 11 1/2 ; épaisseur, 3 millimètres.

Observations. — Le mode d'ornementation chez cette espèce est comme on le voit bien distinct de celui des espèces précédentes. On remarquera en outre que chez un certain nombre d'individus, il existe dans la surface du test, surtout sur la valve supérieure, des parties méplanes, larges, disposées en forme de rayons, et qui rappellent vaguement le mode d'ornementation des jeunes individus du *Pecten succineus* de Risso, de telle façon que leur juxtaposition peut à la rigueur simuler des côtes longitudinales très peu saillantes, mais pourtant visibles à l'œil nu.

Chez cette espèce, l'ornementation du test est singulièrement simplifiée ; les stries décurrentes sont réduites à quelques stries concentriques très espacées, souvent à peine sensibles ; quant aux stries longitudinales, elles sont toujours très courtes, très peu marquées, irrégulières et flexueuses, ne s'étendant pas d'une ligne d'accroissement à l'autre, souvent plus larges et plus profondes dans le haut, simulant en quelque sorte d'étroites virgules très allongées.

Dans la diagnose donnée par M. G. O. Sars, nous relèverons une grave erreur qui peut faire croire à un caractère particulier propre au *Pecten Groenlandicus*. Le savant professeur de l'Université de Christiania dit : « *valva sinistra multo majore et dextram maxima ex parte circumcludente* » (1). Parfois, en effet, il arrive chez cette espèce que le bord basal

(1) M. le Dr Kobelt (*Prodr.*, p. 438) a reproduit la même erreur en écrivant dans sa diagnose : *Valva sinistra valde majore.*

de la valve inférieure s'applique exactement contre le bord basal interne de la valve supérieure; en ce cas, au premier abord, on pourrait croire à l'inégalité des deux valves. Mais ce fait n'a pas toujours lieu. Nous ne l'avons pas observé chez plusieurs sujets bien adultes; il est purement accidentel, et peut se présenter chez les petites formes hyalines de ce groupe (1), tandis qu'il paraît presque constant, du moins d'après ce que nous avons pu en juger, chez les espèces du groupe suivant, qui portent à l'extrémité des valves une disposition ornementale particulière, pouvant jusqu'à un certain point, justifier ou expliquer un pareil accident. On remarquera que Sowerby n'a pas commis pareille erreur, ni dans son texte ni dans sa figuration, tandis que, d'après le dessin donné par M. G. O. Sars, conformément à la diagnose, cette grande inégalité dans la dimension des valves devient un caractère spécifique.

Rapports et différences. — Par son mode d'ornementation qui est de beaucoup le plus simple, cette espèce se distingue toujours facilement de tous ses congénères du même groupe. On la séparera :

Du *Pecten hyalinus :* à sa taille beaucoup plus petite; à son galbe moins transverse; à ses oreilles moins longues, surtout moins hautes en à profil moins ondulé; à ses valves moins bombées; à son bord inférieur plus arrondi; à son test non costulé, plus strié; à sa coloration; etc.

Du *Pecten similis :* à sa taille plus grande; à son galbe plus régulier, moins transverse; à son profil plus équilatéral; à ses oreilles moins inégales; à son bord inférieur plus arrondi; à l'absence de stries concentriques ornementales, celles-ci étant réduites à quelques stries d'accroissement; à sa coloration; etc.;

Du *Pecten incomparabilis :* à son galbe plus élargi; à ses lignes apico-antérieure et postérieure moins tombantes, à profil moins concave; à ses oreilles notablement moins hautes; à son test beaucoup moins orné; à sa coloration; etc.;

Du *Pecten vitreus :* à son galbe moins allongé; à son profil du bord antérieur moins droit, plus creusé sous l'oreille; à ses oreilles moins inégales; à ses lignes apico-antérieure et postérieure formant un angle plus ouvert; à son ornementation beaucoup plus rudimentaire; etc.;

Enfin du *Pecten abyssorum :* à son galbe moins arrondi, plus large; à son bord inférieur plus largement arrondi; à son profil antérieur toujours moins droit, plus échancré; à ses lignes apico-antérieures plus accusées;

(1) Nous l'avons à diverses reprises observé, notamment chez le *Pecten similis.*

à ses oreilles antérieures plus hautes, plus longues ; à ses oreilles postérieures plus longues, plus larges, plus échancrées ; à son test encore moins strié ; etc.

HABITAT. — Très rare ; zone abyssale du golfe de Gascogne.

PECTEN BISCAYENSIS, Locard.

Pecten fragilis (non Chemnitz, nec Mtg.), Jeffreys, 1879. *In Ann. nat. hist.*, 4e sér., pl. XVIII p. 424. — Jeffreys, 1879. *In Proceed. zool. Soc.*, p. 561, pl. XLV, fig. 1. — Kobelt, 1887. *Prodr.*, p. 432.

— *Biscayensis*, Locard, 1884. *Mss.* — 1886. *Prodr. malac. franç.*, p. 516.

HISTORIQUE. — Sous le nom de *Pecten fragilis*, Jeffreys a décrit et figuré une petite espèce qui vit notamment dans la zone abyssale du golfe de Gascogne. Comme cette même appellation avait été déjà employée antérieurement par plusieurs auteurs (1) pour des formes différentes, nous avons été nécessairement conduit à lui substituer le nom de *Pecten Biscayensis*.

DESCRIPTION. — Coquille de petite taille ; galbe général presque circulaire, très déprimé, subéquilatéral, équivalve. — Région antérieure un peu plus large et un peu plus haute que la région postérieure ; ligne apico-antérieure droite, peu allongée, atteignant aux deux cinquièmes environ de la hauteur totale à partir des sommets ; ligne apico-postérieure un peu sinueuse et plus tombante ; bord inférieur arrondi et fortement retroussé à ses deux extrémités. — Sommets aigus, assez saillants. — Oreilles inégales, très petites, peu hautes, à bord externe presque droit ; les antérieures plus longues : celle de la valve supérieure à profil externe un peu ondulé ; celle de la valve inférieure de même longueur, mais arrondie ; sinus byssal assez profond, mais peu large.

Valves peu bombées, avec le maximum de bombement reporté à la région des sommets, progressivement et assez rapidement atténué jusqu'à la périphérie. — Sur la valve inférieure de 15 à 20 côtes concentriques formant comme des plis onduleux, peu saillants, arrondis, obso-

(1) *Pecten fragilis*, Chemnitz, 1784. *Conch. cab.*, VII, p. 267, 349, pl. LXVIII, fig. 650. — Montagu, 1808. *Test. Brit.*, suppl., p. 62.

lètes dans les régions antérieure et postérieure ; côtes laissant entre elles des espaces intercostaux un peu méplans dans le fond, un peu plus étroits que leur épaisseur. — Sur la valve inférieure même mode d'ornementation, mais avec des côtes plus obsolètes, même dans la partie médiane. — Intérieur lisse, nacré, brillant. — Sur les oreilles quelques stries rayonnantes peu marquées, assez rapprochées, très légèrement flexueuses.

Test très mince, très fragile, papyracé, subtransparent, orné, surtout sur la valve supérieure, de petites stries rayonnantes très nombreuses et très fines, inégales, très rapprochées, passant par-dessus les côtes concentriques, plus marquées dans les espaces intercostaux, notamment à la périphérie, interrompues pas des stries d'accroissement concentriques assez accusées. — Coloration d'un blanc brillant, un peu irisé. — Intérieur blanc nacré.

Dimensions. — Longueur, 8 1/2 ; largeur, 8 1/2 millimètres.

Observations. — Par son allure générale, cette petite espèce, comme l'a fait observer son auteur, se rattache encore au groupe des *Pecten vitreus*, *P. Groenlandicus*, *P. similis*, *etc.*, quoiqu'elle s'en distingue d'une manière toute particulière par son mode d'ornementation avec des zones concentriques. On remarquera que c'est en quelque sorte une forme intermédiaire entre les espèces de ce groupe et celles qui vont suivre, et dont l'une des valves seulement, la valve inférieure, porte une ornementation analogue à celle qui pare les deux valves de notre espèce.

C'est une forme encore trop peu connue pour que nous puissions en étudier les variations.

Rapports et différences. — Avec son mode d'ornementation si particulier, il sera toujours facile de distinguer cette espèce de toutes celles qui précèdent; même la valve inférieure, quoique portant des côtes moins fortes, est encore facile, au moins lorsqu'elle n'est pas trop roulée, à distinguer de toutes celles de ses congénères.

Habitat. — Très rare ; zones profondes du golfe de Gascogne.

J. — Groupe du P. HOSKYNSI

Le dixième groupe, ou groupe du *Pecten Hoskynsi*, est caractérisé par des coquilles très petites, dont l'ornementation est constamment différente sur les deux valves. Nous ne connaissons encore qu'une seule espèce dans ce groupe.

PECTEN HOSKYNSI, Forbes.

Pecten Hoskynsi, Forbes, 1844. *Rep. Æg. invert.*, p. 148, 192. — G. O. Sars, 1878. *Moll. reg. arct. Norv.*, p. 20, pl. II, fig. 1. — A. E. Verrill, 1882. *In Trans. Connectic. acad.*, V, p. 581, pl. XLII, fig. 22. — Locard, 1886. *Prodr. malac. franç.*, p. 517. — Ed. Perrier, 1886. *Explor. sous-marines*, p. 308, fig. 211.
— *imbrifer*, Lovèn, 1846. *Ind. moll. Scand.*, p. 185.
Amussium Hoskynsi, Jeffreys, 1879. *In Proceed. zool. soc.*, p. 562.

Historique. — Le *Pecten Hoskynsi* est une des formes les plus curieuses de la nombreuse série des *Pectinidæ* que nous venons d'étudier. Tout particulièrement caractérisé par une ornementation externe absolument différente sur les deux valves, il constitue un groupe à part.

De création assez récente, il a été exactement figuré par plusieurs auteurs. Nous citons pour mémoire les figurations un peu fantaisistes de Wyville Thomson (1), peu faites pour bien comprendre l'espèce, et nous renverrons aux dessins si exacts et si complets de G.-O. Sars.

Il existe dans les fossiles de la Calabre en Sicile une forme très certainement voisine, sinon identique à celle qui nous occupe. Philippi (2), sous les noms de *Pecten fimbriatus* et *P. antiquatus*, a décrit et figuré deux valves différentes, dont la première serait, d'après M. le marquis de Monterosato (3), la valve supérieure du *Pecten Hoskynsi*. L'autre n'est inscrite par le même auteur qu'avec un point de doute, comme étant la valve inférieure du même *Pecten*.

Enfin, Jeffreys (4) avait cru devoir rapprocher cette espèce du *Pecten*

(1) C. Wyville Thomson, 1873. *The dephts of the sea*, p. 465, fig. 79. — 1875. *Les Abîmes de la mer, trad.* par L. Lortet, p. 394, fig. 79.

(2) Philippi, 1844. *Enum. Moll. Sicil.*, II, p. 61, pl. XVI, fig. 6. — *Loc. cit.*, p. 61, pl. XVI, fig. 5.

(3) De Monterosato, 1872. *Not. conch. foss. monte Pellegrino*, p. 21. — 1880. *In Bullet. malac. ital.*, p. 52.

(4) Jeffreys, 1879. *In Proceed, zool. soc. London*, p. 562.

pustulosus de Verrill, qui certainement en est très voisin. Mais ce dernier auteur a établi les caractères distinctifs de ces deux espèces (1).

M. le Dr Anton Stuxberg, de Gothembourg, en Suède, a bien voulu nous adresser de bons types de cette rare espèce, ainsi que plusieurs autres formes des mers profondes, qui nous ont servi de terme de comparaison. Nous sommes heureux de profiter de cette circonstance pour lui adresser tous nos remerciements.

Dans une récente publication (2), M. le Dr Kobelt admet deux *Pecten Hoskynsi*, l'un pour la région abyssale océanique, l'autre pour la Méditerranée. Le premier, décrit par Lovèn, sous le nom de *Pecten imbrifer*, puis par G.-O. Sars, sous celui de *Pecten Hoskynsi*, serait un véritable *Pecten;* le second, décrit par Forbes, serait un *Amussium*. Nous sommes surpris de voir M. le Dr Kobelt, qui aime tant à réunir les espèces, et qui confond des formes aussi distinctes que les *Pecten glaber* et *P. sulcatus*, les *Pecten distortus* et *P. multistriatus*, *etc.*, séparer deux formes aussi voisines que celles que nous venons d'indiquer, alors que ces deux formes ne diffèrent en somme que par la présence de costulations internes plus ou moins accusées. Quoi qu'il en soit, dans les diagnoses de *ses deux espèces*, M. le Dr Kobelt a commis la même erreur en prétendant que le valve supérieure *(valva sinistra)* était plus grande que la valve inférieure. Il faut croire qu'il n'a pas eu de bons matériaux d'étude sous les yeux pour avancer un fait aussi erroné. Quant à nos échantillons français, nous pouvons affirmer qu'ils ne diffèrent en rien des types des mers du Nord.

Description. — Coquille de très petite taille ; galbe général arrondi bien déprimé, subéquivalve, équilatéral. — Région antérieure presque égale et aussi développée que la région postérieure; lignes apico-antérieure et postérieure droites, assez allongées, presque égales, atteignant environ aux deux cinquièmes de la hauteur totale à partir des sommets; bord inférieur bien arrondi, à profil un peu ondulé. — Sommets aigus, peu saillants. — Oreilles inégales, les postérieures très courtes, peu hautes, à profil externe légèrement concave; les antérieures beaucoup plus allongées, assez hautes : celle de la valve supérieure à profil externe bien ondulé; celle de la valve inférieure moins haute, à bord externe arrondi; sinus byssal assez large mais peu profond.

(1) A. E. Verrill, 1879. *Preliminary Check-list*, p. 26.
(2) Kobelt, 1887. *Prodr.*, p. 434 et 440.

Valve supérieure un peu plus bombée que la valve inférieure, avec le maximum de bombement reporté dans le voisinage des sommets, régulièrement et progressivement atténuée jusqu'à la périphérie; valve inférieure avec le bord basal souvent infléchi et exactement appliqué sur l'intérieur du bord basal de la valve supérieure, ce qui, au premier abord, la fait paraître plus petite lorsque les deux valves sont ensemble. — Sur la valve supérieure, 12 à 15 cordons tuberculeux, rayonnants, réguliers et régulièrement espacés; tubercules saillants, arrondis, mamelonnés, subspongieux, percés en dessus de petites vacuoles, très atténués ou presque nuls dans le voisinage des sommets, plus forts et plus volumineux dans la région basale, faisant saillie à la périphérie, très rapprochés les uns des autres dans le bas, sans paraître reliés. — Sur la valve inférieure, des cordons concentriques méplans, pointillés, continus, très étroits, un peu saillants, régulièrement espacés, atténués dans le voisinage des sommets, progressivement plus accusés jusqu'à la périphérie. — Intérieur de la valve supérieure lisse; intérieur de la valve inférieure orné de quelques rayons assez espacés, disposés dans la partie la plus creusée, difficilement visibles. — Sur les oreilles, de petites costulations verticales, ondulées, peu saillantes, assez rapprochées, recoupées par des stries rayonnantes plus nombreuses, très fines, formant à la rencontre et seulement sur la valve supérieure, de petits tubercules saillants, assez réguliers; sur l'arête supérieure, un bourrelet assez fort, portant quelques arêtes squameuses.

Test mince, un peu fragile, un peu transparent, d'aspect terne; sur la valve supérieure, des stries concentriques extrêmement fines, très rapprochées, assez irrégulières, reliant transversalement les tubercules, quelques-unes plus fortes correspondant à de légers temps d'arrêt dans l'accroissement; sur la valve inférieure, d'autres stries également très fines, réparties inégalement entre les cordons concentriques. — Coloration d'un blanc grisâtre, terne, uniforme; intérieur nacré, blanc brillant.

Dimensions. — Hauteur et largeur, 8 à 10; épaisseur, 1 1/2 à 2 millimètres.

Observations. — Nous avons à signaler quelques variations dans le mode d'ornementation si singulier de cette jolie petite espèce. Lorsqu'elle est fraîche, bien conservée, les tubercules sont tous complets, bien réguliers; dans le voisinage des sommets, ils ne sont indiqués que par quelques légères saillies squameuses du test, puis ils s'étalent et progressent avec une parfaite régularité jusqu'à la périphérie. Mais dans les sujets un peu frustres, la plupart de ces tubercules sont détruits; ils s'écaillent surtout sur la face qui regarde le bord basal, alors le test prend ce faciès ondulé en zigzag qui est représenté dans la figuration donnée par Wyville Thomson.

Dans cette même valve, le nombre des cordons est assez variable; suivant les colonies, il varie de douze à vingt-quatre; parfois même il existe quelques lignes de cordons supplémentaires composés tout au plus de trois à cinq tubercules intercalés à la périphérie dans le voisinage de deux rayons normaux. Enfin, chez les sujets bien adultes, les stries transversales ou décurrentes qui passent au voisinage du pied des tubercules ont une tendance à devenir un peu squameuses, de telle sorte que lorsque les tubercules disparaissent par l'usure de la coquille, le test paraît couvert de petites ondulations.

Quant à la valve inférieure, elle est, comme nous l'avons vu, bien différente de la valve supérieure, et si l'on ne les trouvait pas ensemble, on serait parfaitement en droit de les considérer comme appartenant à deux espèces distinctes. C'est sans doute dans une pareille erreur qu'a dû tomber Philippi, lorsqu'il a créé deux espèces d'après deux valves isolées.

Chez cette coquille, le rapport de taille des deux valves a été mal interprêté. Dans sa diagnose, M. G.-O. Sars dit : « *sinistra multo majore et dextram inferne circumcludente.* » Ce caractère n'est pas absolument exact. Il arrive en effet chez cette espèce comme chez la suivante qu'une partie du bord basal de la valve inférieure s'applique exactement contre les bords internes de la valve supérieure, au point qu'il semble que cette valve inférieure est réellement plus petite que l'autre. Si l'on examine des échantillons bien frais, il est facile de voir qu'en somme les deux valves sont de même hauteur et qu'elles se recouvrent exactement l'une par l'autre. Mais comme la partie recourbée de la valve inférieure se brise facilement lorsqu'on l'ouvre, il s'ensuit que quand l'on drague des valves provenant de coquilles mortes, les valves inférieures sont toujours plus petites que les valves supérieures.

Quant aux côtes internes qui devraient caractériser le genre, si toutefois la nécessité de ce genre est bien reconnue nécessaire, elles sont toujours très difficiles à distinguer, soit à cause de leur peu d'importance, soit par suite du faciès même du test. Aussi n'est-il point surprenant que bien des auteurs aient laissé cette espèce dans le genre *Pecten*. Jeffreys, le premier, l'a rangée dans son genre *Amussium*, mais seulement en 1879, alors qu'en 1876, il n'y faisait rentrer que les *Pecten lucidus* et *P. fenestratus* (1).

VARIÉTÉS. — Malgré le polymorphisme que l'on observe dans l'ornementation des *Pecten Hoskynsi*, nous ne voyons qu'une seule variété à établir, celle basée sur un plus grand nombre de cordons tuberculeux que dans le type. Nous la désignerons sous le nom de *var. verrucosa*.

RAPPORTS ET DIFFÉRENCES. — Cette petite forme est tellement caractérisée qu'il n'est pas possible de la confondre avec aucune des formes précédentes; même lorsque son test est usé, il subsiste toujours des traces de son ornementation qui permettent de la distinguer des petites espèces hyalines du groupe précédent, les *Pecten Groenlandicus*, *P. vitreus* et *P. abyssorum*. Ses oreilles sont du reste toutes différentes.

HABITAT. — Très rare; zone abyssale des environs de Marseille, où elle a été draguée par M. le professeur Marion; nous l'avons également reçue du golfe de Gascogne, par les soins de M. le marquis de Folin.

K. — Groupe du P. FENESTRATUS

Le onzième groupe, ou groupe du *P. fenestratus*, renferme des coquilles de très petite taille, caractérisées par la présence de costulations rayonnantes internes analogues à celles du *Pecten pleuronectes* de la mer des Indes. Comme nous l'avons expliqué dans notre introduction, les espèces de ce groupe peuvent, à la rigueur, constituer un genre à part.

PECTEN FENESTRATUS, Forbes.

Pecten fenestratus, Forbes, 1843. *Rep. Æg. invert.*, p. 146, 192. — Locard, 1886. *Prodr. malac. franç.*, p. 316.
— *concentricus*, Forbes, 1843. *Loc. cit.*, p. 146, 192.
— *Philippi (non* Reclus), Acton, 1855. *Ricerc. conch.*, p. 3, fig. 1 *a*.
— *inæquisculptus*, Tiberi, 1855. *Descrip. Test. nuovi*, p. 12, pl. I, fig. 19 à 22.
— *Actoni*, E. von Martens, 1857. *In malac. Blätt.*, p. 195, pl. III, fig. 1 à 3.
Pleuronectia fenestrata, de Monterosato, 1878. *Enum. e sin.*, p. 5.
Amussium fenestalrum, Jeffreys, 1880. *In Ann. nat. hist.*, 5e sér., VI, p. 315. — Kobelt, 1887. *Prodr.*, p. 439.
Propenamussium inæquisculptus, de Monterosato, 1884. *Nom. conch. medit.*, p. 6.

HISTORIQUE. — Dans son étude sur les invertébrés de la mer Égée, le professeur Edward Forbes a décrit séparément, sous deux noms différents,

(1) Jeffreys, 1876. *In Ann. Mag. nat. hist.*, 4e sér., XVIII, p. 426.

les deux valves d'une même coquille. Quelques années, après, Acton et Tiberi ont décrit presque en même temps la coquille complète sous des dénominations nouvelles et en ont donné de bonnes figurations. Le nom de *Pecten Philippi* proposé par Acton ayant été déjà antérieurement employé par Reclus, pour une autre espèce qu'il a fallu également débaptiser pour les mêmes raisons, E. von Martens propose de donner à cette espèce le nom de *Pecten Actoni*. Mais comme en somme le nom de *Pecten fenestratus* est le premier en date, et qu'il ne prête pas à la confusion, c'est ce nom que nous croyons devoir conserver.

Jusqu'alors des auteurs se bornaient à classer cette petite coquille dans le genre *Pecten*. M. le marquis de Monterosato, le premier, fit observer qu'elle présentait dans son ornementation interne les caractères des grandes formes de l'Inde et la classa en 1878 dans le genre *Pleuronectia* (1). Deux ans plus tard Jeffreys la rangea dans le genre *Amussium* dont il avait donné quelques années auparavant une nouvelle description (2) à propos de son *Amussium lucidum* dont il sera parlé plus loin. Enfin en 1884, M. le marquis de Monterosato, estimant qu'il y avait lieu de séparer dans un genre nouveau les petites espèces méditerranéennes si différentes des grandes formes à test lisse de l'océan Indien, a fait entrer cette espèce dans le genre *Propeamussium* du marquis Antonio de Gregorio (3). Dans notre introduction nous avons exprimé notre manière de voir au sujet de la validité de ce genre; nous n'avons pas à y revenir.

Nous devons à l'extrême obligeance de M. le professeur Marion la communication d'un bon nombre d'individus complets ou à valves isolées appartenant à cette espèce, dragués par ses soins dans le golfe de Marseille (4). C'est d'après ces échantillons que nous donnons la description qui va suivre.

Decription. — Coquille de très petite taille, d'un galbe arrondi, assez déprimé, inéquivalve, équilatéral. — Régions antérieure et postérieure presque aussi développées, peu hautes, assez larges ; lignes apico-antérieure et postérieure droites, atteignant aux trois septièmes environ de la hauteur totale à partir des sommets; bord inférieur très largement arrondi, un peu retroussé à ses deux extrémités. — Sommets acuminés,

(1) *Pleuronectia*, Swainson, 1840. *Malac.*, p. 388.

(2) Jeffreys, 1876. *In Ann. nat. hist.*, 4e sér., XVIII, p. 424.

(3) *Propeamussium*, M. de Gregorio, 1883. *Not. conch.*, *in Natur. Sicil.*, III, p. 1,

(4) Marion, 1882. *Consid. faunes prof. Médit.*, *in Ann. Mus. Marseille*, I, p. 32 et seq — A. Locard, 1886. *Prodr. malac. franç.*, p. 516.

assez saillants. — Oreilles inégales, les postérieures assez petites, peu hautes, à profil externe un peu concave ; les antérieures un peu plus longues, celle de la valve inférieure dépassant parfois un peu celle de la valve supérieure, celle-ci à profil externe sinueux ; sinus byssal assez large, peu profond.

Valves inégales ; valve inférieure moins bombée que la valve supérieure, avec le bord basal plus mince, parfois infléchi et appliqué sur l'intérieur du bord basal de la valve supérieure ; maximum de bombement reporté sur les deux valves au premier quart de la hauteur totale. — Sur la valve supérieure, vingt-cinq à trente cordons concentriques minces, assez saillants, un peu irrégulièrement espacés, plus rapprochés les uns des autres à la périphérie, plus saillants sur les côtés, visibles jusqu'aux sommets, recoupés par de petites côtes rayonnantes à peu près de même épaisseur ou un peu plus fines, très irrégulièrement réparties, continues, atténuées vers les sommets, formant à leur rencontre avec les cordons concentriques des saillies subsquameuses. — Sur la valve inférieure des cordons concentriques très fins, très réguliers, très rapprochés, continus, à peine plus marqués à la périphérie et aux extrémités antérieure et postérieure que dans la partie la plus bombée. — A l'intérieur de la valve inférieure quelques costulations rayonnantes un peu obsolètes, n'atteignant pas la périphérie ; à l'intérieur de la valve supérieure costulations plus marquées au nombre de quinze à vingt, arrondies, assez saillantes, obsolètes dans la région des sommets, n'atteignant pas la périphérie et terminées vers le bord basal en forme de massues, toujours régulièrement espacées, presque aussi fortes au milieu que sur les côtes. — Sur les oreilles de la valve supérieure même mode d'ornementation que sur la valve, avec les cordons et surtout les costulations plus rapprochées; sur celles de la valve inférieure des cordons concentriques ondulés, terminés dans le haut, surtout dans la région antérieure, par des saillies subsquameuses assez fortes.

Test mince, surtout celui de la valve inférieure, un peu fragile, peu brillant, orné sur les deux valves de stries rayonnantes extrêmement fines, assez espacées, discontinues, visibles seulement à l'aide d'une forte loupe, découpant un peu les cordons concentriques de la valve inférieure, mais ne paraissant pas passer sur ceux de la valve supérieure. — Coloration d'un blanc grisâtre, un peu terne, parfois légèrement roux, plus pâle sur la valve inférieure. — Intérieur blanc nacré.

Dimensions. — Hauteur. 6 à 8 ; largeur, 6 à 8 ; épaisseur, 2 à 2 1/2 millimètres.

Observations. — La singulière disposition des deux valves de cette coquille a été très bien décrite par Acton ; parlant de la valve inférieure qu'il nomme *valva ventrale*, il dit : « *Essa è convessa, ma ad un millimetro circa dal margine si conforma sulla valva dorsale, quasi che facesse una valva sola con questa ultima, tanto che a prima giunta si crederebbe che la valva ventrale fosse più piccola dell'altra.* » En effet, lorsque l'on drague des valves isolées, on remarque que les valves inférieures sont toujours plus petites que les valves supérieures. Cela tient à ce fait que le test de la valve inférieure étant plus mince, il se brise précisément au point ou commencent à l'intérieur les saillies des côtes caractéristiques. Il s'en suivrait donc que ces côtes internes, non continues jusqu'à la périphérie, ont surtout pour but de consolider ce test si mince et si fragile en lui-même.

On remarquera le degré d'irrégularité dans le mode d'ornementation de cette coquille. Sur la valve inférieure les cordons affectent une parfaite régularité ; au contraire, sur la valve supérieure ces mêmes cordons sont très irrégulièrement répartis, tantôt on les distingue jusque sur les sommets où ils sont un peu espacés ; tantôt au contraire ils disparaissent dans cette région ; parfois, dans le bas, on en compte deux ou trois qui sont très rapprochés, tandis qu'à côté il y en a qui sont relativement très distants les uns des autres.

Les costulations longitudinales sont encore beaucoup plus irrégulières ; parfois elles constituent de véritables côtes saillantes indiquant comme un changement de plan de direction dans l'allure de la coquille, tandis qu'au contraire, chez quelques sujets, elles sont presque symétriques par rapport à l'axe de la coquille. Enfin, suivant le degré de fraîcheur des sujets, surtout aussi suivant leur âge, il existe, au moins sur les côtés, des saillies squameuses plus ou moins fortes et plus ou moins relevées.

Variétés. — Nous n'avons constaté chez cette espèce que des variations de taille et des modifications ornementales qui nous paraissent essentiellement individuelles.

Rapports et différences. — On ne peut confondre la valve supérieure du *Pecten fenestratus* avec celle d'aucun autre *Pecten*. Son mode d'ornementation interne et externe est tellement distinct que la confusion n'est pas possible. La valve inférieure peut être comparée à celle du *Pecten Hoskynsi*. On la distinguera à ses cordons externes plus forts, plus saillants, moins rapprochés, plus réguliers et plus régulièrement espacés; à ses côtes internes plus visibles; à ses oreilles moins inégales, ornées de cordons ondulés plus forts et plus saillants; etc.

Habitat. — Rare; les zones profondes du golfe de Gascogne et de la Méditerranée.

PECTEN LUCIDUS, Jeffreys.

Pleuronectia lucida, Jeffreys, 1873. *In* Wyville-Thomson, *Depths of thea Sea*, p. 464, fig. 78. —1875. *Les Abimes de la mer*, *trad.* par L. Lortet, p. 393, fig. 78. — Ed. Perrier, 1886. *Explor. sous-marines*, p. 308, fig. 222.

Amussium lucidum, Jeffreys, 1876. *In Ann. mag. nat. Hist.*, 4e sér., XVIII, p. 425. — Kobelt, 1887. *Prodr.*, p. 440.

Pecten lucidus, Locard, 1886. *Prodr. malac. franç.*, p. 516.

Historique. — Nous ne connaissons cette espèce que par la description et la figuration qui en ont été données. D'après ce que nous pouvons en juger, c'est celle qui, par la simplicité de son ornementation externe et par la saillie de ses côtes internes se rapproche le plus des véritables *Pleuronectes*.

Description. — Coquille de petite taille; galbe général arrondi, avec une tendance à devenir ovalaire dans le sens de la hauteur chez quelques spécimens, très déprimé, subéquivalve, équilatéral. — Régions antérieure et postérieure peu développées en largeur, mais très hautes; lignes apico-antérieure et postérieure presque droites, subégales, atteignant environ aux deux cinquièmes de la hauteur totale à partir des sommets; bord inférieur arrondi, fortement retroussé à ses deux extrémités. — Sommets petits, peu saillants. — Oreilles subégales, petites, un peu courtes, assez hautes, à profil externe légèrement courbe.

Valve supérieure uniquement ornée par des stries d'accroissement fines, concentriques, très rapprochées, plus marquées à la périphérie et sur les côtés; valve inférieure beaucoup plus petite que la valve supérieure (?) et ornée de stries concentriques régulières, rapprochées. — Intérieur des valves pourvu de neuf côtes étroites, peu marquées, visibles même extérieurement par suite du peu d'épaisseur et de la transparence du test, régulièrement réparties, ne s'étendant pas jusqu'à la périphérie, obsolètes au voisinage des sommets, terminées vers la base en forme de massue ; l'une des côtes est médiane, et les deux extrêmes sont à la base des oreilles.

Test très mince, fragile, demi-transparent. — Coloration externe blanche. — Intérieur nacré.

Dimensions. — Hauteur, 12 ; largeur, 12 millimètres.

Observations. — Dans sa description, Jeffreys, parlant de la taille comparative de ses deux valves, dit : *The lower valve is much smaller than the other*. Quoique nous n'ayons pas été à même de vérifier un tel fait *de visu*, nous le croyons fort douteux. En effet, il doit se passer pour cette espèce ce que nous avons déjà vu pour l'espèce précédente et même aussi pour quelques formes des groupes précédents ; le bord de la valve inférieure se recourbe pour s'appliquer exactement sur la partie interne de la valve supérieure, jusqu'au point où commencent les saillies des côtes internes. Au premier aspect, la valve inférieure paraît en effet, par suite de cette fausse brisure, plus petite que l'autre ; mais l'examen à la loupe de bons échantillons complets, frais ou même desséchés enlève toute espèce de doute à cet égard.

Habitat. — Très rare ; zones profondes du golfe de Gascogne.

TABLE ALPHABÉTIQUE

NOTA — Les caractères *italiques* indiquent les noms des espèces admises dans cet ouvrage; les caractères ordinaires sont réservés aux synonymes.

FIN DE LA TABLE ALPHABÉTIQUE

LYON — IMPRIMERIE PITRAT AINÉ, 4, RUE GENTIL

OUVRAGES DU MÊME AUTEUR

Monographie géologique du Mont-d'Or lyonnais et de ses dépendances. 1 vol. gr. in-8, avec carte géologique, coupes et planches (en collaboration avec M. A. Falsan). Lyon, 1866.

Malacologie lyonnaise ou description des Mollusques terrestres et aquatiques des environs de Lyon, d'après la collection A. P. Terver. 1 vol. gr. in-8. Lyon, 1877.

Description de la faune des terrains tertiaires moyens de la Corse (Description des Echinides par G. Cotteau), 1 vol. gr. in-8 avec 17 planches sur chine. Lyon, 1877.

Note sur les migrations malacologiques aux environs de Lyon. 1 br. gr. in-8. Lyon, 1878.

Description de la faune de la mollasse marine et d'eau douce du Lyonnais et du Dauphiné. 1 vol. gr. in-4 avec planches. Lyon, 1878.

Description de la faune malacologique des terrains quaternaires des environs de Lyon. 1 vol. gr. in-8 avec planche. Lyon, 1879.

Nouvelles recherches sur les argiles lacustres des terrains quaternaires des environs de Lyon. 1 br. gr. in-8. Lyon, 1880.

Études sur les variations malacologiques d'après la faune vivante et fossile de la partie centrale du bassin du Rhône, 2 vol. gr. in-8 avec planches. Lyon, 1880-81.

Catalogue des Mollusques vivants, terrestres et fluviatiles du département de l'Ain. 1 vol. gr. in-8 Lyon, 1881.

Monographie des genres Bulimus et Chondrus. 1 br. gr. in-8 avec planche Lyon, 1881.

Catalogue des Mollusques des environs de Lagny (Seine-et-Marne). 1 br. gr. in-8 Lyon, 1881.

Description de la faune malacologique des terrains préhistoriques de la vallée de la Saône. 1 br. in-8. Mâcon, 1882.

Prodrome de malacologie française, catalogue général des Mollusques vivants de France, Mollusques terrestres, des eaux douces et des eaux saumâtres. 1 vol gr. in-8. Lyon, 1882.

Monographie du genre Lartetia. 1 br. gr. in-8, avec planche. Lyon, 1882.

Sur la présence d'un certain nombre d'espèces méridionales dans la faune malacologique des environs de Lyon. 1 br. gr. in-8. Lyon, 1882.

Note sur les Hélices françaises du groupe de l'Helix nemoralis. 1 br. gr. in-8 Lyon, 1882.

Malacologie des lacs de Tibériade, d'Antioche et d'Homs en Syrie. 1 vol. gr. in-8 avec 5 planches. Lyon, 1883.

Description d'une nouvelle espèce de Mollusques appartenant au genre Paulia. 1 br. gr. in-8. Lyon, 1883.

Monographie des Hélices du groupe de l'Helix Heripensis, Mabille (ancien groupe des Striées). 1 br. gr. in-8, avec tableau. Lyon, 1883.

Recherches paléontologiques sur les dépôts tertiaires à Milne-Edwardsia et à Vivipara du pliocène inférieure du département de l'Ain. 1 vol. in-8 avec planches. Mâcon, 1883.

Considérations sur l'albinisme et le mélanisme chez les Mollusques de la faune française. 1 br. gr. in-8. Lyon, 1883.

De la valeur des caractères spécifiques en malacologie. 1 br. gr. in-8. Lyon, 1883.

Histoire des Mollusques dans l'antiquité. 1 vol. gr. in-8 avec planche. Lyon, 1884.

Monographie des Hélices du groupe de l'Helix Bollenensis. 1 br. gr. in-8, avec planche. Lyon, 1884.

Description de quelques Anodontes nouveaux pour la faune française. 1 br. gr. in-8. Lyon, 1885.

Monographie des Hélices du groupe de l'Helix unifasciata. 1 br. gr. in-8, avec tableau. Lyon, 1885.

Prodrome de malacologie française, catalogue général des Mollusques vivants de France, Mollusques marins. 1 vol. gr. in-8. Lyon, 1886.

Etude critique des Tapes des côtes de France. 1 vol. in-8 avec planches. Paris, 1887.

Monographie des espèces françaises de la famille des Buccinidæ. 1 vol. gr. in-8, avec planche. Lyon, 1887.

Révision des espèces françaises appartenant au genre Modiola. 1 br. in-8, avec planche. Paris, 1888.

www.ingramcontent.com/pod-product-compliance
Ingram Content Group UK Ltd.
Pitfield, Milton Keynes, MK11 3LW, UK
UKHW021053200726
13857UKWH00003B/905

9 782013 577953